U0110863

大展好書　好書大展
品嘗好書　冠群可期

大展好書 好書大展
品嘗好書 冠群可期

休閒生活

8

錦鯉養殖
實用技法

占家智　姚同炎　羊茜　編著

品冠文化出版社

國家圖書館出版品預行編目資料

錦鯉養殖實用技法／占家智　姚同炎　羊茜　編著
——初版，——臺北市，品冠，2014〔民103．11〕
　　面；21公分 ——（休閒生活；8）
　　ISBN　　978－986－5734－12－1（平裝；）

1.養魚
438.667　　　　　　　　　　　　　　　103018047

錦鯉養殖實用技法

編　　著／占家智　姚同炎　羊茜

責任編輯／劉三珊

發 行 人／蔡孟甫

出 版 者／品冠文化出版社

社　　址／台北市北投區（石牌）致遠一路2段12巷1號

電　　話／（02）28233123・28236031・28236033

傳　　眞／（02）28272069

郵政劃撥／19346241

網　　址／www.dah-jaan.com.tw

E－mail／service@dah-jaan.com.tw

承 印 者／凌祥彩色印刷股份有限公司

裝　　訂／承安裝訂有限公司

排 版 者／弘益電腦排版有限公司

授 權 者／安徽科學技術出版社

初版1刷／2014年（民103年）11月

定　價／280元

前　言

　　錦鯉有「水中活寶石」的美譽，其源於中國，興於日本，風行全世界。隨著我國居民收入水準的上升，對生活品質的要求和生活品位也不斷提高，錦鯉和水族文化走向家庭已成爲趨勢。

　　「風生水起萬事興」，錦鯉已成爲吉祥的象徵，在我國南北各地皆有養殖，已經成爲我國觀賞魚養殖的重要品種之一。

　　筆者在吸收前人錦鯉養殖經驗的基礎上，在新內容、新視野、新觀點上下工夫，重點突出新成果、新技術、新方法的應用，力求使本書具有更高的學術價值、理論價值及收藏價值。

　　本書的主要內容包括錦鯉的種類和特徵、選購方法、餌料、飼養技術、繁殖技術、疾病與防治。在書後的「附錄」中，提供了筆者對錦鯉的鑒賞心得和魚病防治體會，供讀者參考。

　　在這次再版修訂中，廣東省虹韻錦鯉養殖場的姚同炎總經理給予了極大的支持，他除了利用養殖場的便利條件爲本書提供精美的圖片外，還利用和日本友

錦鯉養殖實用技法

人交流的機會，爲本書提供了最漂亮、最原始的日本魚種圖和觀賞池圖片，對提高國內朋友欣賞錦鯉的水平將起到巨大的促進作用，同時也爲本書增添了一大亮點。在此也非常感謝日本錦鯉名家佐野一郎先生對本書的指點和幫助。

由於作者水準所限，本書難免有不當之處，敬請讀者批評指正，以便在以後予以改正。

占家智

目　錄

第一章 概 述

錦鯉是一種彩色鯉魚，因其體表色彩鮮豔、花色似錦而得名。據文獻記載，日本的錦鯉是由中國傳入的。日本人在飼養過程中，發現有的鯉魚顏色會突變，從而將它們改良成緋鯉、淺黃和別光等品種。

在19世紀初，日本貴族將錦鯉移入庭院的水池中放養，以供觀賞，平民百姓難得一見，因此錦鯉又稱「貴族鯉」「神魚」。後來錦鯉開始在民間流傳開來，人們把它看成是吉祥、幸福的象徵，飼養之風日盛。

飼養錦鯉，不但可以欣賞池裏美麗動人的魚兒，還可以欣賞各具特色、別有情趣的各類錦鯉池。這些觀賞池中，日本人建造的極具觀賞性和實用性，中國廣東、北京和上海等地的庭院飼養錦鯉觀賞池和公園錦鯉池也各具特色，這裏特別選取數款以饗讀者朋友（圖1～圖11）。

在日本，人們根據錦鯉容易變異的特點，採取人工選擇、交配、培育等方法，選育出許多新品種。並於1906年把德國的無鱗「革鯉」和「鏡鯉」與日本原有的錦鯉雜交，選育出現在這樣色彩斑斕而品種繁多的錦鯉。所以說錦鯉是日本人創造的藝術品，堪稱日本的「國魚」。

圖1　日本家庭飼養池

圖2　庭院飼養錦鯉觀賞池1

圖3　庭院飼養錦鯉觀賞池2

圖4　庭院飼養錦鯉觀賞池3

圖5　庭院飼養錦鯉觀賞4

圖6　庭院飼養錦鯉觀賞池5

圖7　庭院飼養錦鯉觀賞池6

圖8　庭院飼養錦鯉觀賞池7

圖9　庭院飼養錦鯉觀賞池8

圖10　庭院飼養錦鯉觀賞池9

圖11　庭院飼養錦鯉觀賞池10　　圖12　公園錦鯉池1

圖13　公園錦鯉池2

錦鯉養殖實用技法

圖14 公園錦鯉池3

圖15 公園錦鯉池4

　　中國的錦鯉由廣州金濤觀賞魚養殖有限公司於1983年首次大規模引進，1997年由中山大地一龍養殖業有限公司等專業養殖場大力宣傳和推廣，盛極一時。現在錦鯉的身影已遍佈全國各地，進入了千家萬戶，成為家庭養殖觀賞魚的一個大類。2001年的春天，在廣州進行了首屆全國性比賽。現在，每年都有全國性的錦鯉大賽舉辦，廣東、江浙、北京等地飼養錦鯉已蔚然成風（圖16～圖20）。

圖16　中國錦鯉大賽四十部其他類冠軍

圖17　中國錦鯉大賽（寧波）全體總合冠軍

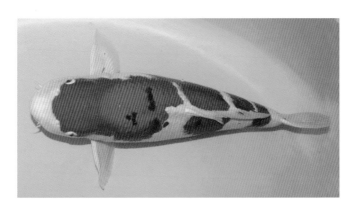

圖18　中國錦鯉大賽（寧波）全體總合亞軍

圖18　中國錦鯉大賽全體總合季軍

圖18　中國錦鯉大賽（寧波）巨鯉獎

第二章 錦鯉的種類與特徵

一、日本錦鯉的種類與特徵

在日本，錦鯉的養殖已經有約200年的歷史。經過廣大養殖者的努力，育種技術不斷進步，新品種層出不窮。錦鯉品種的劃分主要以其發展過程中產生的不同顏色及不同的鯉種來源為依據。日本學者及專家根據錦鯉的色彩、斑紋和鱗片，將錦鯉共分為13大類，100多個品種。以紅白錦鯉、大正三色錦鯉、昭和三色錦鯉為最具代表性的品種，俗稱「御三家」（圖21）。

圖21 大正三色錦鯉

（一）紅白錦鯉

白底上有紅色花紋者稱為紅白錦鯉。

紅白錦鯉最重要的是白底要純白，像白雪一樣，不可帶黃色或飴黃色。紅色愈濃愈好，但必須是格調高雅明朗的紅色。一般來說，應選擇以橙色為基盤的紅色，因其色調高雅明朗，一旦增色，品位較高。根據紅色斑紋的數量、生長的形狀和部位不同，紅白錦鯉又分為許多品種。

（1）**段紋紅白錦鯉**：紅白錦鯉的紅斑呈一段一段分佈者稱為段紋紅白錦鯉。

二段紅白錦鯉：在潔白的魚體上，生有兩段緋紅色的斑紋，似紅色的晚霞，鮮豔奪目（圖22、圖23）。

圖22　二段紅白錦鯉(雌)

圖23　二段紅白錦鯉(雄)

　　三段紅白錦鯉：在銀白色的魚體背部生有3段醒目的赤色斑紋（圖24、圖25）。

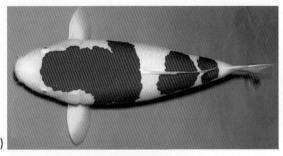

圖24
三段紅白錦鯉（雌）

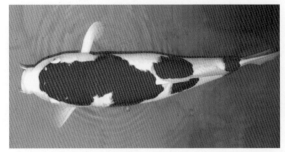

圖25
三段紅白錦鯉（雄）

　　四段紅白錦鯉：在銀白色的魚體上散佈著4塊鮮豔的紅斑（圖26、圖27）。

圖26
四段紅白錦鯉（雌）

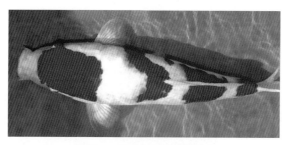

圖27　四段紅白錦鯉(雄)

（2）一條紅紅白錦鯉：自頭至尾結有一條優美的紅斑紋或紅色條帶的紅白錦鯉（圖28、圖29）。

圖28　一條紅紅白錦鯉(雌)

圖29　一條紅紅白錦鯉(雄)

（3）閃電紋紅白錦鯉：在魚體上從頭至尾有一紅色斑紋，此斑紋形狀恰似雷雨天彎彎曲曲的閃電（圖30、圖31）。

圖30　閃電紋紅白錦鯉（雌）

圖31　閃電紋紅白錦鯉（雄）

（4）**富士紅白錦鯉**：紅白錦鯉的頭上有銀白色粒狀斑點，恰似富士山頂的積雪。

（5）**拿破崙紅白錦鯉**：魚體腹部兩側的斑紋酷似拿破崙佩戴的帽子（圖32）。

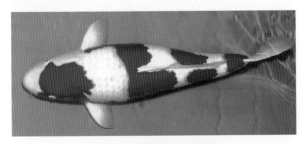

圖32　拿破崙紅白錦鯉

（6）御殿櫻紅白錦鯉：小粒紅斑聚集成葡萄狀的花紋，均勻地分佈在魚體背部兩側（圖33）。

圖33　御殿櫻紅白錦鯉

（7）金櫻紅白錦鯉：御殿櫻紅白錦鯉紅色鮮豔的鱗片邊緣嵌有金黃色線者，稱為金櫻紅白錦鯉。此種魚非常美麗，但培育較難，出現率極低，是名貴品種（圖34）。

圖34　金櫻紅白錦鯉

（8）德國紅白錦鯉：德國鯉有紅白錦鯉斑紋者稱為德國紅白錦鯉。

（9）口紅紅白錦鯉：紅色的斑塊在錦鯉的口吻部，好似女子的口紅一般（圖35）。

圖35　口紅紅白錦鯉

（10）丸點紅白錦鯉：紅色的圓斑在頭部的錦鯉（圖36）。

（11）大模樣紅白錦鯉：在白底上分佈簡單的大塊花紋的錦鯉（圖37）。

圖36　丸點紅白錦鯉

圖37　大模樣紅白錦鯉

（12）**小模樣紅白錦鯉**：在白底上分佈清秀的小塊花紋的錦鯉（圖38）。

（13）**以培育人命名的錦鯉**：比較有名的有仙助紅白錦鯉、矢藤紅白錦鯉等（圖39、圖40）。

圖38　小模樣紅白錦鯉

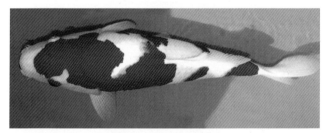

圖39　仙助紅白錦鯉

圖40　矢藤紅白錦鯉

（二）大正三色錦鯉

白底上有紅色及黑色斑紋者稱為大正三色錦鯉，與紅白錦鯉同為錦鯉的代表品種。以頭部只有紅斑而無黑斑，胸鰭上有黑色條紋為基本條件（圖41）。

圖41 大正三色錦鯉

大正三色錦鯉的白底必須純白，不要呈飴黃色。紅斑必須均勻濃厚，邊緣清晰。頭部紅斑不可渲染到眼、鼻、頰部，尾結（靠近尾鰭部分的紅斑）後部最好有白底，軀幹上斑紋左右均勻，魚鰭上不要有紅紋，身體後半部不能有太多黑斑。

頭部不可有黑斑，而肩上必須有，這是整條魚的觀賞重點。白底上的墨斑稱為穴墨，紅斑上的墨斑稱為重疊墨。以穴墨為佳。少數塊狀黑斑左右平均分佈於白底上者，品位較高。

（1）**口紅大正三色錦鯉**：嘴吻上有小紅斑的大正三色錦鯉（圖42）。

（2）**赤三色錦鯉**：自頭、背一直到尾結有連續紅斑紋的大正三色（圖43、圖44）。

圖42　口紅大正三色錦鯉

圖43　赤三色錦鯉(雌)

圖44　赤三色錦鯉(雄)

　　（3）富士三色錦鯉：在魚體白底上除有紅、黑兩種斑紋之外，頭部出現銀白色粒狀斑紋（圖45）。

　　（4）德國三色錦鯉：以鏡鯉為基本型，魚體無鱗，在白色皮膚上有紅、黑斑紋（圖46）。

圖45　富士三色錦鯉

圖46　德國三色錦鯉

（5）德國赤三色錦鯉：魚體為鏡鯉型，其斑紋與赤三色錦鯉相同（圖47）。

圖47　德國赤三色錦鯉

（三）昭和三色錦鯉

　　黑底上有紅、白紋，且胸鰭基部有黑斑的三色錦鯉稱為昭和三色錦鯉（圖48、圖49），它與紅白錦鯉、大正三色錦鯉並稱為「御三家」，為錦鯉的代表品種。

圖48　昭和三色錦鯉1

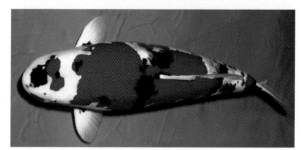

圖49　昭和三色錦鯉2

　　昭和三色錦鯉的頭部必須有大型紅斑，以紅質均勻、邊緣清晰、色濃者為佳。白底要求純白，頭部及尾部有白斑者品位較高。墨斑以頭上有面割（即閃電形黑紋由嘴邊跨過頭上紅斑）者為佳，軀幹上墨紋為閃電形或三角形，粗大而捲至腹部。胸鰭應有圓形黑斑，又稱元黑，不應全白、全黑或有紅斑。

（1）淡黑昭和三色錦鯉：指昭和三色錦鯉的黑斑上，魚鱗一片片呈淡黑色，淡雅優美，風格獨具（圖50）。

（2）緋昭和三色錦鯉：魚體自頭部至尾柄有大面積紅色花紋，紅黑相間，顯得持重而豔麗（圖51、圖52）。

圖50　淡黑昭和三色錦鯉

圖51　緋昭和三色錦鯉（雌）

圖52　緋昭和三色錦鯉（雄）

（3）**近代昭和三色錦鯉**：魚體由黑、紅、白三色組成，但白地居多，具有大正三色錦鯉的鮮明色彩，顯得清晰而莊重（圖53）。

（4）**德國昭和三色錦鯉**：德國系統的昭和三色錦鯉，以鏡鯉為基本型。

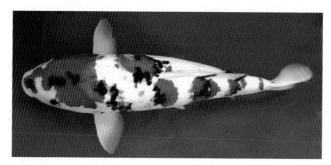

圖53　近代昭和三色錦鯉

（四）寫　鯉

這類錦鯉的體色以黑色為基底，上面有三角形的白色、黃色或紅色斑紋。

（1）**白寫錦鯉**：黑底上有三角形白色斑紋的錦鯉（圖54、圖55）。

圖54　白寫錦鯉(雌)

圖55　白寫錦鯉(雄)

（2）**黃寫錦鯉**：黑底上有三角形黃色斑紋的錦鯉（圖56）。

（3）**緋寫錦鯉**：黃寫錦鯉的黃色較濃，接近橙赤色者，稱為緋寫錦鯉（圖57）。

圖56　黃寫錦鯉

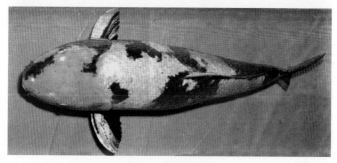

圖57　緋寫錦鯉

（4）**德國寫鯉**：由德國鏡鯉與日本錦鯉雜交培育而成，體形與鏡鯉相同，體無鱗或有個別散鱗。

（五）別光錦鯉

白底、紅底或黃底上有黑斑的錦鯉，稱為別光錦鯉。

（1）**白別光錦鯉**：大正三色錦鯉去掉紅斑就是白別光錦鯉，也就是白底上有黑斑的，中國常稱之為「別甲」。以頭部純白，不呈飴黃色者為佳品（圖58）。

（2）**赤別光錦鯉**：魚體底色為紅色，背上有黑斑的，稱為赤別光錦鯉。黑斑的質地與白別光錦鯉完全相同（圖59）。

（3）**黃別光錦鯉**：黃底黑斑的錦鯉。

（4）**德國別光錦鯉**：德國系統的別光錦鯉（圖60）。

圖58　白別光錦鯉

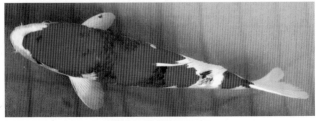

圖59　赤別光錦鯉

圖60　德國別光錦鯉

（六）淺黃錦鯉、秋翠錦鯉

背部呈深藍色或淺藍色，魚鱗外緣呈白色而左右頰顎、腹部以及各鰭基部呈赤色的錦鯉稱為淺黃錦鯉（圖61、圖62）。

圖61　淺黃錦鯉1

圖62　淺黃錦鯉2

德國系統的淺黃錦鯉，稱為秋翠錦鯉（圖63～圖65）。

圖63　秋翠錦鯉1

圖64　秋翠錦鯉2

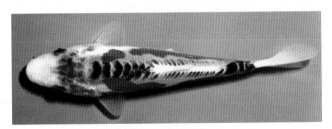

圖65　秋翠錦鯉3

（1）**紺青淺黃錦鯉**：顏色最濃，最接近於普通鯉魚的淺黃錦鯉（圖66）。

（2）**鳴海淺黃錦鯉**：鱗片中央呈深藍色而周圍較淡的淺黃錦鯉（圖67）。

圖66　紺青淺黃錦鯉

圖67　鳴海淺黃錦鯉

（3）**水淺黃錦鯉**：顏色最淡的淺黃錦鯉（圖68）。

（4）**淺黃三色錦鯉**：體側上部為淺黃色，頭部與腹部有紅斑紋，下腹部呈乳白色者。

圖68　水淺黃錦鯉

（5）花秋翠錦鯉：背鱗與腹側鱗之間有相連紅斑紋
的秋翠錦鯉（圖69）。

圖69　花秋翠錦鯉

（6）緋秋翠錦鯉：背部不呈藍色，而與腹部一樣全
都為紅色的秋翠錦鯉（圖70）。

圖70　緋秋翠錦鯉

（7）黃秋翠錦鯉：黃色的秋翠錦鯉，背部為藍色
（圖71）。

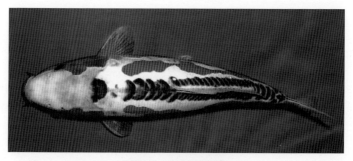

圖71　黃秋翠錦鯉

（8）**珍珠秋翠錦鯉**：秋翠錦鯉背部有形似珍珠的銀色覆鱗者。

（七）衣錦鯉

衣錦鯉是紅白錦鯉或三色錦鯉與淺黃錦鯉交配所產生的品種（圖72）。

圖72　衣錦鯉

（1）**藍衣錦鯉**：淺黃錦鯉與紅白錦鯉的交配種，紅斑鱗片邊緣有呈藍色半月形的網目狀紋（圖73、圖74）。

（2）**墨衣錦鯉**：紅白錦鯉的紅斑上有一層墨汁般的斑紋，其頭部紅斑上亦有黑點紋（圖75）。

圖73　藍衣錦鯉(雌)

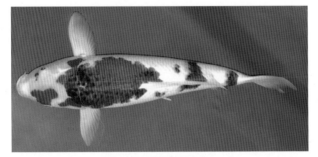

圖74　藍衣錦鯉(雄)

圖75　墨衣錦鯉

（3）葡萄三色衣錦鯉：葡萄色的鱗片聚集而成為葡萄狀斑紋的衣錦鯉（圖76）。

圖76　葡萄三色衣錦鯉

（4）**衣三色錦鯉：**大正三色錦鯉的紅斑上出現藍色斑紋，稱衣三色錦鯉（圖77）。

（5）**衣昭和錦鯉：**這是藍衣錦鯉與昭和三色錦鯉雜交而選育出的品種（圖78）。

圖77　衣三色錦鯉

圖78　衣昭和錦鯉

（八）變種錦鯉

烏鯉、黃鯉、茶鯉、綠鯉及松葉錦鯉等較少被列為品評會的品種，稱為變種錦鯉。

（1）**烏鯉**：全身漆黑的錦鯉（圖79）。

（2）**羽白錦鯉、禿白錦鯉、四白錦鯉、松川化錦鯉**：烏鯉的胸鰭末端呈白色的，稱羽白錦鯉（圖80）。胸鰭末端、鼻尖或頭部均為白色者，稱禿白錦鯉。頭部、左右胸鰭、尾鰭均為白色者，稱四白錦鯉（圖81）。一年中隨季節變化而數度改變其黑白斑紋之位置關係者，稱松川化錦鯉。

圖79　烏鯉

圖80　羽白錦鯉

圖81　四白錦鯉

（3）**九紋龍錦鯉**：羽白錦鯉系統的德國鯉，全身濃淡斑紋交錯，仿佛一條墨繪的龍（圖82）。

（4）**黃鯉**：全身呈明亮黃色的錦鯉。

（5）**茶鯉**：全身呈茶色的錦鯉（圖83）。

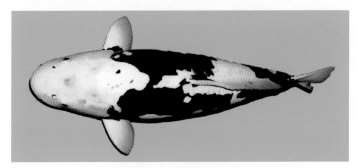

圖82　九紋龍錦鯉

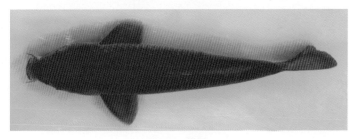

圖83　茶鯉

（6）**松葉錦鯉**：與淺黃錦鯉一樣屬於古老的錦鯉品種。每一片赤色鱗片上浮現黑斑的稱為赤松葉錦鯉（圖84），黃色鱗片的稱為黃松葉錦鯉（圖85），白色鱗片的稱為白松葉錦鯉，與黃金錦鯉交配產生的稱金松葉錦鯉、銀松葉錦鯉（圖86）。

（7）**綠鯉**：係秋翠錦鯉系的雄鯉與黃金錦鯉系的雌鯉交配所產生的後代，為全身呈黃綠色的德國系統錦鯉。

（8）**五色錦鯉**：由淺黃錦鯉與赤三色錦鯉交配產生，因身上有白、紅、黑、藍、靛等五色而得名（圖87）。

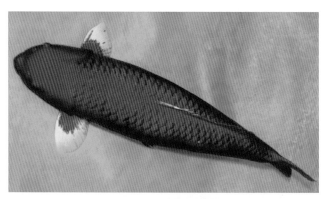

圖84　赤松葉錦鯉

圖85　黃松葉錦鯉

圖86 銀松葉錦鯉

圖87 五色錦鯉

（9）三色秋翠錦鯉：大正三色錦鯉與秋翠錦鯉的交配種。

（10）昭和秋翠錦鯉：昭和三色錦鯉與秋翠錦鯉的交配種。

（11）五色秋翠錦鯉：五色錦鯉與秋翠錦鯉的交配種（圖88）。

（12）鹿子紅白錦鯉：紅白錦鯉的紅斑不集中，單獨呈現在各鱗片上，彷彿梅花鹿身上的斑紋（圖89）。

圖88　五色秋翠錦鯉

圖89　鹿子紅白錦鯉

（13）**鹿子三色錦鯉**：大正三色錦鯉的紅斑一部分成為「鹿子」的錦鯉。

（14）**鹿子昭和錦鯉**：昭和三色錦鯉的紅斑一部分成為「鹿子」的錦鯉。

（15）**影寫錦鯉**：寫鯉的底色上有淡黑網目狀陰影花紋的稱為「影寫」，整齊而黑斑結實者具觀賞價值。影寫有影白寫錦鯉及影緋寫錦鯉兩種（圖90）。

（16）**影昭和錦鯉**：紅斑或白底上有淡黑陰影花紋的昭和三色錦鯉（圖91）。

圖90　影寫錦鯉

圖91　影昭和錦鯉

（九）黃金錦鯉

全身為金黃色的錦鯉稱黃金錦鯉（圖92）。

圖92　黃金錦鯉

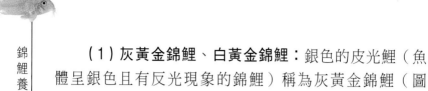

（1）**灰黃金錦鯉、白黃金錦鯉**：銀色的皮光鯉（魚體呈銀色且有反光現象的錦鯉）稱為灰黃金錦鯉（圖93）。色調較白者稱白黃金錦鯉（圖94）。

（2）**白金錦鯉**：全身呈銀白色的錦鯉（圖95、圖96）。

圖93　灰黃金錦鯉

圖94　白黃金錦鯉

圖95　白金錦鯉1

圖96　白金錦鯉2

（3）山吹黃金錦鯉：全身呈純黃金色的錦鯉（圖97）。

（4）橘黃金錦鯉：橘黃色的皮光鯉（圖98）。

圖97　山吹黃金錦鯉

圖98　橘黃金錦鯉

（5）緋黃金錦鯉：緋色的皮光鯉。

（6）金松葉錦鯉、銀松葉錦鯉：以黃金色為底，背部鱗片上有黑色的斑紋，這種錦鯉稱為金松葉錦鯉。以白金色為底色，背部鱗片銀光閃閃的黃金錦鯉，稱銀松葉錦鯉。

（7）德國黃金錦鯉：德國系統的黃金錦鯉。

（8）德國白金錦鯉：德國系統的白金錦鯉（圖99）。

圖99　德國白金錦鯉

（9）德國橘黃金錦鯉：德國系統的橘黃金錦鯉。

（10）瑞穗黃金錦鯉：橘黃金錦鯉背部的鱗片呈光亮黑色者。

（11）金兜錦鯉、銀兜錦鯉：頭部有兜狀金色或銀色斑紋，軀體鱗片呈黑色而帶金銀色覆鱗的錦鯉。

（12）金棒錦鯉、銀棒錦鯉：全身土黑色而脊鰭基部呈金色或銀色的錦鯉。

（十）花紋皮光鯉

凡是寫鯉（白寫錦鯉或緋寫系統的錦鯉）以外的錦鯉與黃金錦鯉交配產生的錦鯉，皆可稱為花紋皮光鯉。

（1）貼分錦鯉：具金銀二色斑紋的錦鯉。頭部必須清爽，覆鱗越多越好。

（2）山吹貼分錦鯉：具金黃與白金二色斑紋的錦鯉（圖100）。

（3）橘黃貼分錦鯉：具橘黃與白金二色斑紋的錦鯉。

（4）松葉貼分錦鯉：具松葉斑紋的貼分錦鯉。

圖100　山吹貼分錦鯉

（5）**德國貼分錦鯉**：德國系統的貼分錦鯉（圖101）。

（6）**菊水錦鯉**：德國系統的山吹貼分錦鯉或橘黃貼分錦鯉中，側腹部有漂亮波紋或斑狀花紋的稱為菊水錦鯉（圖102）。

（7）**白金富士錦鯉**：由紅白錦鯉與黃金錦鯉交配產生，白金色明顯而背部光亮特別漂亮，頭部必須為光亮的白金色（圖103）。

（8）**大和錦錦鯉**：大正三色錦鯉的皮光鯉，紅斑紋較淡。

圖101　德國貼分錦鯉

圖102　菊水錦鯉

（9）錦水錦鯉、銀水錦鯉：秋翠錦鯉的皮光鯉。紅斑多者稱錦水錦鯉（圖104），少者稱銀水錦鯉（圖105）。

圖103　白金富士錦鯉

圖104　錦水錦鯉

圖105　銀水錦鯉

（10）松竹梅錦鯉：藍衣的皮光鯉（圖106）。

（11）孔雀黃金錦鯉：為五色的皮光鯉。全身佈滿紅色者稱紅孔雀錦鯉（圖107），德國系統的稱德國孔雀錦鯉（圖108）。

（12）虎黃金錦鯉：黃別光錦鯉的皮光鯉，即背部有黑斑紋的黃鯉。

圖106　松竹梅錦鯉

圖107　紅孔雀錦鯉

圖108　德國孔雀錦鯉

（十一）光寫錦鯉

寫類的錦鯉與黃金錦鯉交配產生的品種稱為光寫錦鯉。

（1）金昭和錦鯉、銀昭和錦鯉：昭和三色錦鯉與黃金錦鯉交配產生的皮光鯉。黃金色較明顯的稱金昭和錦鯉，白金色較明顯的稱銀昭和錦鯉。

（2）銀白錦鯉：白寫錦鯉的皮光鯉，即白金底的白寫錦鯉（圖109）。

圖109　銀白錦鯉

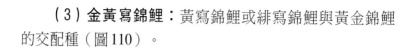

（3）金黃寫錦鯉：黃寫錦鯉或緋寫錦鯉與黃金錦鯉的交配種（圖110）。

圖110　金黃寫錦鯉

（十二）金銀鱗錦鯉

全身有閃閃發光的金色或銀色鱗片者，稱金銀鱗錦鯉。

（1）金銀鱗紅白錦鯉：紅白錦鯉發亮的鱗片在紅斑內呈金色者稱金鱗錦鯉，白底上有銀色光亮者稱銀鱗錦鯉。

銀鱗紅白錦鯉大致可分兩種：鱗片呈現一顆顆銀色亮點的稱珍珠鱗紅白錦鯉；另外一種是鱗片的銀色部分為一條條光亮帶狀者，稱銀鑽石鱗紅白錦鯉。不論是珍珠鱗紅白錦鯉還是銀鑽石鱗紅白錦鯉，都以粒大且整齊均勻者為佳（圖111～圖113）。

圖111　銀鱗紅白錦鯉

圖112　珍珠鱗紅白錦鯉

圖113　銀鑽石鱗紅白錦鯉

（2）金銀鱗三色錦鯉：有金銀鱗的大正三色錦鯉（圖114）。

（3）金銀鱗昭和錦鯉：有金銀鱗的昭和三色錦鯉（圖115）。

（4）金銀鱗別光錦鯉：有金銀鱗的別光錦鯉（圖116）。

（5）金銀鱗皮光鯉：白金山吹黃金錦鯉加上銀鱗、金鱗後，成為的色彩非常華麗的錦鯉（圖117）。

（6）金銀鱗五色錦鯉：有金銀鱗的五色錦鯉（圖118）。

圖114　金銀鱗三色錦鯉

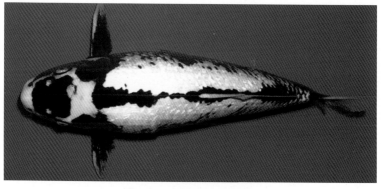

圖115　金銀鱗昭和錦鯉

圖116　銀鱗別光錦鯉

圖117　銀鱗皮光鯉

圖118　銀鱗五色錦鯉

（十三）丹頂錦鯉

頭頂有圓形紅斑而全身無紅斑者，稱為丹頂錦鯉。

（1）**丹頂紅白錦鯉**：全身雪白而只有頭頂有圓形紅斑者，稱為「丹頂紅白錦鯉」。紅斑呈圓形且愈大愈好，但以不染到眼邊或背部為宜。紅者要濃厚且邊緣清晰，白質要純白，不得有口紅。紅斑可有不同形狀，除圓形外，還有梅花形、心形等（圖119）。

（2）**丹頂三色錦鯉**：只有頭部有圓形紅斑，而身體如白別光的錦鯉（圖120）。

圖119　丹頂紅白錦鯉

圖120　丹頂三色錦鯉

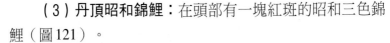

（3）**丹頂昭和錦鯉**：在頭部有一塊紅斑的昭和三色錦鯉（圖121）。

（4）**丹頂五色錦鯉**：在頭部有一塊紅斑的五色錦鯉（圖122）。

（5）**丹頂秋翠錦鯉**：在頭部有一塊紅斑的秋翠錦鯉。

（6）**丹頂衣錦鯉**：在頭部有一塊紅斑的衣錦鯉（圖123）。

（7）**丹頂寫錦鯉**：在頭部有一塊紅斑的寫錦鯉。

圖121　丹頂昭和錦鯉

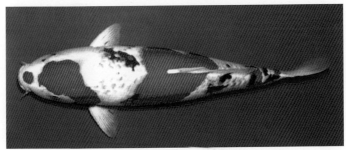

圖122　丹頂五色錦鯉

圖123　丹頂衣錦鯉

圖124　浙江紅鯉

二、中國觀賞鯉簡介

除了日本的知名錦鯉外，中國的許多野生錦鯉同樣因具有美麗的花紋而成為人們喜愛的觀賞鯉，下面就簡要介紹中國的幾種觀賞鯉。

（一）浙江紅鯉

體長，全身為紅色。由於個體顏色差異很大，作為觀賞用，應該挑選偏紅色或深紅色的親魚（圖124）。

（二）芙蓉鯉

體側扁，各鰭特長，尾鰭分叉擴散成裙狀，因為它的尾鰭長而漂亮，形似傳說中的鳳凰，故人們又稱之為鳳鯉（圖125）。

圖125　芙蓉鯉

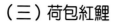

（三）荷包紅鯉

體短，猶如荷包蛋形，全身鱗被完整，排列整齊。根據其顏色可以分為兩類，一類是全紅色的，俗稱紅鯉；另一類是紅色而背部卻有一塊黑斑的，俗稱火燒鯉。

（四）興國紅鯉

體長，全身為紅黃色，鱗被完整，排列整齊（圖126）。

圖126　興國紅鯉

第三章　錦鯉的選購

一、選購錦鯉的常識

1. 養魚場的選定

（1）養魚場主須為人誠實、服務周到，且距離較近。這樣即使錦鯉發生危險亦可獲得及時、有效的服務。

（2）養魚場主鑒賞能力必須很強，且擁有血統優良的種鯉。

（3）必須選擇內行、細心、有責任感及能提供售後服務的從業者為指導，平時可得到其指點。

（4）選擇生意興隆的養魚場，一則可見到數量眾多的優良錦鯉，二則不至於買到變質的飼料。

2. 錦鯉種類與數量的確定

池中錦鯉以紅白錦鯉、大正三色錦鯉和昭和三色錦鯉為主，配以1～2尾皮光鯉或變種鯉等較為理想，群泳時美妙異常。如雜魚太多，紅白錦鯉等群泳的美姿即遭破壞。

購買數量視養殖容器的容量而定。建議少量飼養，這樣對魚的生長發育、水質保持均大有好處。

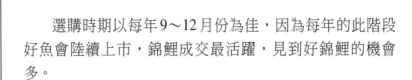

選購時期以每年9～12月份為佳，因為每年的此階段好魚會陸續上市，錦鯉成交最活躍，見到好錦鯉的機會多。

3. 錦鯉的價格標準

錦鯉沒有一定的價格標準，因此，有時購買者與業者都難以決定。總之，可根據錦鯉的品質、規格定一個大概價格，當然還有個人的喜好問題。如較難決定，可參照國外錦鯉雜誌（如日本《鱗光》）上面的標價。平時應多注意收集各地錦鯉的價格，即可瞭解什麼樣的品質、規格、種類的錦鯉大致值多少錢。

二、稚魚選購法

稚魚選購法常分為兩類：毛仔購入型和稚魚購入型。

1. 毛仔購入型

毛仔很小，通常只有2～3公分，愛好者挑選毛仔主要是挑出明顯畸形的魚，業內人士認為具體的方法就是去雜、去畸。採用此種方式需要一定的技術，主要應注意：

（1）選擇優良種鯉產下的子魚。

（2）要有相當好的飼育技術。主要是注意水質變化、餌料更換等。

（3）必須進行嚴格的挑選工作。具體方法是在孵化後1～3個月內挑選3～4次，第一次選別時去掉畸形、變形和全黑、白無地、赤無地錦鯉等；第二次選別就是儘早淘汰劣質鯉，保護良質錦鯉。

2. 稚魚購入型

指選購5～10公分稚魚飼養至20～30公分或更大者。在業者進行第二、三次選別時，應選擇幾十尾有「將來性」（指具有很大發展前景）的稚魚。這須具備獨到的鑒賞眼光。

選購紅白錦鯉、大正三色錦鯉、昭和三色錦鯉時，要選擇紅斑紋配置良好者，因為紅斑紋很少有大的變化，另外斑紋邊緣清晰、色彩濃厚者才有前途。

這個時期的稚魚如色彩太淡，雖然花紋漂亮，但不容易上彩。選擇黑斑時，初學者喜歡選擇大而多、已完成的黑斑，殊不知這種黑斑會隨著魚體生長而集中變大，而後易於退化而分散。因此，以選擇白底上隱約可見黑斑紋者為宜。

最重要的是選擇健康而體格粗大能長成大錦鯉者，如果花紋非常漂亮，但體弱、有病、變形、有外傷等，也要堅決捨棄。

另外，要選擇素質良好的稚魚，其一要看種鯉是否優良，其二要憑經驗來鑒賞與挑選。白質、紅質、黑質必須優良。隨著魚體成長，會有一些退色和體形有異者，應及早淘汰。

有經驗人士認為，頭部骨骼較大且呈圓形、尾部粗壯者及背鰭、胸鰭呈白色者為佳，不可有紅斑、黑斑。大正三色錦鯉黑斑不可太多，胸鰭上最多只可有3條黑條紋。

三、幼魚選購法

（一）基本方法

幼魚指15～35公分長的魚。有些錦鯉在幼魚時期外觀很美，有些則要等到長大後才變得漂亮。因為幼魚時期配置良好的花紋，隨著魚體生長而拉開距離，長大後就會顯得不和諧；而有些錦鯉的大花紋在幼魚時期顯得不清爽，但長大後增加了適當的白底，花紋的配合會顯得很美。

具體來說，良好的白質是每一個品種都必須具備的。最重要的一點，對所有品種而言，要購買長大後素質高的幼魚，第一要求頭部骨骼粗大、體形圓滑，第二要求尾基部粗。

在錦鯉幼魚中外觀較美的還有德國鯉，德國鯉的特徵是大鱗所構成花紋變化以及無鱗的皮膚上顯出鮮明的斑紋。因此，德國鯉在其幼魚時期十分漂亮華麗，一旦長成大型錦鯉，由於花紋過分鮮明，好似用油漆塗成，感覺反而缺少了穩重感。德國鯉大多以鏡鯉為基本，所以背脊上及腹部中央兩行大鱗排列整齊且無贅鱗是最理想的。

幼魚時期雄鯉生長較快，紅黑斑紋濃厚，斑紋邊緣鮮明；而到大型時期，雌鯉遠比雄鯉容易長大而豐滿，因此，想要得到好的大型錦鯉應選擇雌鯉。另外，幼魚時期獲得優勝獎的錦鯉，長大後再獲優勝獎的機會相當渺茫。

在選擇錦鯉幼魚時，首先要注意不要買到病錦鯉或畸形的錦鯉，尤其要注意以下幾點：是否和其他錦鯉一起行動，有無離群靜止不動，有無鰓病，呼吸是否急促，有沒

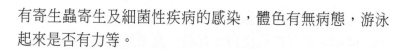

有寄生蟲寄生及細菌性疾病的感染，體色有無病態，游泳起來是否有力等。

（二）常見錦鯉幼魚的選購

以下介紹常見的三種錦鯉幼魚的選購要點：

1. 紅白錦鯉

在選購時注意白底要純白，如果肌膚帶黃或是有雜點絕對不行。如果胸鰭、腹鰭、尾鰭上有一些很小的斑點，隨著成長斑點會縮小或消失，這樣的例子相當多；不過如果是以鱗片為單位的小斑點，那就是大缺點了。另外，如果魚體上有黑痣般的小斑點，也不要選購。

紅色斑紋當然是比較深的較好，不過更重要的是紅斑的邊緣是否切得整齊。一般來說，紅斑的均一性比濃淡還重要，只要質地均勻，邊緣切得清楚，白底無瑕的，「將來性」就較好。另外，對紅白錦鯉而言，有魄力的大花紋較可愛的小花紋更有「將來性」。

2. 大正三色錦鯉

在選購時要注意紅斑及白底，要求同紅白錦鯉幼魚。以紅斑為中心，以美質及花紋良好者為佳。至於黑色花紋，有人偏好大墨斑，有人喜好小墨斑，原則上只要自己喜愛即可。大正三色錦鯉依種魚的不同，有的黑質在1～3歲就逐漸顯現出來，有的要等到4～5歲才會完全顯現。另外，飼養的環境、水質和黑質也有很大的關係。有的人買了大正三色錦鯉幼魚飼養一段時間後，黑質才漸漸浮現出

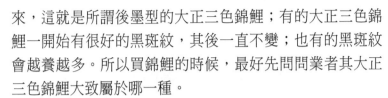

來，這就是所謂後墨型的大正三色錦鯉；有的大正三色錦鯉一開始有很好的黑斑紋，其後一直不變；也有的黑斑紋會越養越多。所以買錦鯉的時候，最好先問問業者其大正三色錦鯉大致屬於哪一種。

對於黑質，要注意的是絕對不要有像細沙般的小黑雜斑，黑斑邊緣不可長刺、長毛。黑質還必須是有光澤、漆黑的，感覺很深厚的最好。

3. 昭和三色錦鯉

買昭和三色錦鯉幼魚時，一定要注意以下幾點：紅斑紋是否鮮明，有無模糊的地方；頭部有無紅斑紋；體部的斑紋是否左右對稱，即使花紋不對稱也可以，但是否具有特殊的個性；白質部分是否有隱在皮下而似乎尚未浮現的黑斑，選擇有這種黑斑的錦鯉比選擇黑斑已完成固定的要好；對黑質的要求同前述大正三色錦鯉。

四、中、大型魚選購法

中型魚指35～55公分長的錦鯉，一般為3～4歲，是色彩最豔麗的時期。可以依照成魚的鑒賞標準來選購自己喜歡的錦鯉品種。

大型魚指55公分以上的錦鯉，大型魚的顏色及體形均已固定下來，一般選購回家後是直接用來欣賞或裝飾居室環境的，它不會隨著時間的變化而發生大的變化，也不必期待其有更好的轉變。因此，在選購時一定要按各品種成魚的鑒賞標準來仔細挑選。

第四章　錦鯉的餌料

第一節　錦鯉的植物性餌料

（1）浮游藻類

個體較小，是錦鯉苗種的良好餌料。錦鯉對矽藻、金藻和黃藻消化良好，對綠藻、甲藻也能夠消化，而對裸藻、藍藻不能夠消化。浮游藻類生活在各種小水坑、池塘、溝渠、稻田、河流、湖泊、水庫中，通常使水呈現黃綠色或深綠色，可用細密布網撈取餵養錦鯉。

（2）絲狀藻類

俗稱青苔，主要指綠藻門中的一些多細胞個體，通常呈深綠色或黃綠色。錦鯉通常不吃著生的絲狀藻類，這些藻類往往硬而粗糙。錦鯉喜歡吃漂浮的絲狀藻類，如水綿、雙星藻和轉板藻等，這些藻體柔軟，表面光滑。漂浮的絲狀藻類生活在池塘、溝渠、湖泊和河流的淺水處，各地都有分佈。絲狀藻類只能餵養個體較大的錦鯉。

（3）蕪 萍

俗稱無根萍、大球藻，多年生漂浮植物，生長在小水塘、稻田、藕塘和靜水溝渠等水體中。用來飼養錦鯉，效果很好。

（4）小浮萍

俗稱青萍，也是多年生漂浮植物。小浮萍通常生長在稻田、藕塘和溝渠等靜水水體中，可用來餵養個體較大的錦鯉。

（5）紫背浮萍

紫色，通常生長在稻田、藕塘、池塘和溝渠等靜水水體中，不含微量元素鈷，對錦鯉無促生長作用。

（6）青菜葉

飼養中不能把菜葉作為錦鯉的主要餌料，只能適當地投餵青菜葉作為補充食料，以使錦鯉獲得大量的維生素。錦鯉喜吃小白菜葉和萵苣葉，在投餵菜葉以前務必將其洗淨，再在清水中浸泡半小時，以免菜葉沾有農藥或化肥，引起錦鯉中毒。然後根據魚體大小，將菜葉切成細條投餵。

（7）菠　菜

新鮮的菠菜洗淨後用水焯一下，切碎後即可餵錦鯉。菠菜含有大量的維生素，錦鯉的食物中應經常添加些菠菜，可以增強它們的體質。

（8）豆　腐

豆腐柔軟，容易被錦鯉咬碎吞食，對大小錦鯉都適宜。但是在夏季高溫季節應不餵或儘量少餵，以免剩餘的豆腐碎屑腐爛分解，影響水質。

（9）飯粒、麵條

錦鯉能夠消化吸收各種澱粉類食物。可將乾面條切斷後用沸水浸泡到半熟或者煮沸後立即用冷水沖洗，洗去黏附的澱粉顆粒後投餵。飯粒也需用清水沖洗，洗去小的顆

粒，然後投餵。

（10）餅乾、饅頭、麵包等

這類餌料可弄碎後直接投餵，投餵量宜少。它們與飯粒、麵條一樣，吃剩下的細顆粒和錦鯉吃後排出的糞便全都懸浮在水中，形成一種不沉澱的膠體顆粒，容易使水質渾濁，還容易引起低氧或缺氧現象。

第二節　錦鯉的動物性餌料

（1）水蚤

俗稱紅蟲、魚蟲，是甲殼動物中枝角類的總稱。由於水蚤營養豐富、容易消化，而且其種類多、分佈廣、數量大、繁殖力強，被認為是錦鯉理想的天然動物性餌料。常見種類有大型水蚤、潘狀蚤、裸腹蚤、隆線蚤等。

水蚤主要生活在小溪流、池塘、湖泊和水庫等靜水水體中，一年中水蚤以春季和秋季產量最高，溶氧低的小水坑、污水溝、池塘中的水蚤帶紅色；而湖泊、水庫、江河中的水蚤身體透明，稍帶淡綠色或灰黃色。錦鯉飼養者可以選擇適當時間和地點進行捕撈，以滿足錦鯉的營養需求。當捕撈的水蚤量大時，可將其製成水蚤乾，作為秋、冬季和早春的飼料。

（2）劍水蚤

俗稱跳水蚤，有的地方又叫「青蹦」「三腳蟲」等，是對甲殼動物中橈足類的總稱。活的劍水蚤只能餵給較大規格的錦鯉。劍水蚤在一些池塘、小型湖泊中大量存在，也可以大量撈取曬乾備用。

（3）原蟲

又稱為原生動物，是單細胞動物。種類也較多，分佈廣泛。作為錦鯉天然餌料的主要是各種纖毛蟲（如草履蟲）及肉足蟲。草履蟲主要以吃水中的細菌為生，它是剛孵出子魚攝食的一種重要食物，是錦鯉苗的良好餌料，在各種水體中都有，尤其在污水中特別多，也可以用稻草浸出液大量培養草履蟲來餵養錦鯉苗。

（4）輪蟲

這種水生動物體形小，營養豐富，體表顏色為灰白色，有些地方又稱其為「灰水」，是剛出膜不久的錦鯉苗的優良餌料。

輪蟲在淡水中分佈很廣，可以在池塘、湖泊、水庫、河流等水體中撈取，也可以採取人工培養方法獲得。

（5）水蚯蚓

俗稱鰓絲蚓，它是環節動物中水生寡毛類的總稱。它通常群集生活在小水坑、稻田、池塘和水溝底層的污泥中。水蚯蚓通常身體一端鑽入污泥中，另一端伸出在水中顫動，受驚後會立即縮入污泥中。身體呈紅色或青灰色，它是錦鯉的優良餌料。撈取水蚯蚓要連同污泥一起帶回，用水反覆淘洗，逐條挑出，洗淨蟲體後投餵。若飼養得當，水蚯蚓可存活1週以上。

（6）孑孓

蚊類幼蟲的通稱。通常生活在稻田、池塘、水溝和水窪中，尤其春、夏季分佈較多，經常群集在水面呼吸，受驚後立即下沉到水底層，隔一段時間又重新游近水面。孑孓是錦鯉喜食的餌料之一，要根據孑孓的大小來餵養錦

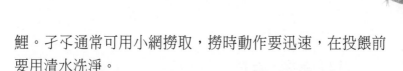

鯉。子孓通常可用小網撈取，撈時動作要迅速，在投餵前要用清水洗淨。

（7）血 蟲

搖蚊幼蟲的總稱，活體鮮紅色，身體分節。血蟲生活在湖泊、水庫、池塘和溝渠道等水體的底部，是錦鯉喜食的餌料之一。

（8）蚯 蚓

蚯蚓的種類較多，都可作錦鯉的餌料，但是最適合的還是紅蚯蚓（即赤子愛勝蚯蚓），個體不大，細小柔軟，適合錦鯉吞食。紅蚯蚓一般棲息於溫暖潮濕的垃圾堆、牛棚、草堆底下，或造紙廠周圍的廢紙渣中。每當下雨或土壤中相對濕度超過80%時，蚯蚓便爬行到地面，此時可以收集。晴天可在土壤中挖取蚯蚓，先將挖出的蚯蚓放在容器內，灑些清水，讓其將消化道中的泥土排泄乾淨，經過1天後，再洗淨切成小段餵養錦鯉。

（9）蠅 蛆

因其肉質柔嫩、營養豐富，可作為成魚和肥育魚體的餌料。投餵前需漂洗乾淨，減少其對養殖容器、水質的污染。人工繁殖蠅蛆時需要嚴格控制，防止對環境造成污染。

（10）蠶 蛹

通常是磨成粉末後直接投餵或者製成顆粒飼料投餵錦鯉。

（11）螺、蚌肉

需除去外殼，經過淘洗，煮熟後切細或絞碎後投餵錦鯉。大錦鯉消化能力強，這類餌料對大錦鯉的生長發育效

果較好。

（12）血塊、血粉

新鮮的豬血、牛血、雞血和鴨血等都可以煮熟後曬乾，製成顆粒飼料餵養錦鯉。此類餌料的營養價值很高，如將其製成粉劑與小麥粉或大麥粉混合製成顆粒餌料餵養錦鯉，則效果更好。

（13）魚、蝦肉

不論哪種魚、蝦肉都可以作為錦鯉的餌料，營養豐富且易於消化。但是魚須煮熟剔骨後投餵，蝦肉須撕碎後投餵。若在魚、蝦肉中摻入部分麵粉，經蒸煮後製成顆粒飼料投餵則更為理想。

（14）蛋黃

煮熟的雞、鴨蛋黃，均是錦鯉喜愛的營養豐富的餌料。用雞、鴨蛋黃與麵粉混合製成顆粒狀餌料餵養錦鯉效果很好。對剛孵化出的魚苗，在原蟲、輪蟲短缺時一般均用蛋黃代替。一個蛋黃1次可餵錦鯉苗20萬～25萬尾。

具體做法是把蛋黃包在細紗布內，放在缸的水表層揉洗，使蛋黃顆粒均勻，投餵時須嚴格控制其數量。

第三節　錦鯉的人工配合飼料

發展錦鯉養殖業，光靠天然餌料是不夠的，除人工培養魚蟲外，還必須製作人工配合餌料以滿足養殖要求。人工錦鯉配合顆粒餌料，要求營養成分齊全，主要成分應包括蛋白質、糖類、脂肪、礦物質和維生素等五大類。

錦鯉全價配合飼料的配方是根據錦鯉的營養需求而設

計的，同時根據錦鯉的生理特性及各種原料的主要特點，在配方設計過程中應考慮動植物蛋白的比例不低於3：1，蛋白飼料與能量飼料的比例應在7：1，鈣、磷比例在1：（1：5～2）。掌握了這些基本參數，就可以設計出一套合理的錦鯉全價飼料配方，下面列出幾種配方，僅供參考。

1. 小錦鯉的全價飼料配方

（1）魚粉70%，豆粕6%，酵母3%，α–澱粉17%，礦物質1%，其他添加劑3%。

（2）魚粉77%，啤酒酵母2%，α–澱粉18%，血粉1%，複合維生素1%，礦物質添加劑1%。

（3）魚粉70%，蠶蛹粉5%，血粉1%，啤酒酵母2%，α–澱粉20%，複合維生素1%，礦物質添加劑1%。

（4）魚粉20%，血粉5%，大豆餅25%，玉米澱粉23%，小麥粉25%，生長素1%，礦物質添加劑1%。

2. 大錦鯉的全價飼料配方

（1）魚粉60%，α–澱粉22%，大豆蛋白6%，啤酒酵母3%，引誘劑3.1%，維生素添加劑2%，礦物質添加劑3%，食鹽0.9%。

（2）魚粉65%，α–澱粉22%，大豆蛋白4.4%，啤酒酵母3%，活性小麥麵筋粉2%，氯化膽鹼（含量為50%）0.3%，維生素添加劑1%，礦物質添加劑2.3%。

（3）乾水絲蚓15%，乾孑孓10%，乾殼類10%，乾牛肝10%，四環素族抗生素18%，脫脂乳粉23%，藻酸蘇打3%，黃耆膠2%，明膠2%，阿拉伯膠2%，其他5%。

第四節　飼料的科學投餵

　　由於錦鯉的品種不同、規格不同以及養殖環境和管理條件的變化，需要採用不同的投餵方式。飼養時必須根據錦鯉的大小、種類考慮飼料的特性，如來源（活餌或人工配合飼料）、顆粒規格、組成、密度和適口性等。而投餵量、投餵次數對魚的生長率和飼料利用率有重要影響。

　　此外，使用的飼料類型（浮性或沉性、顆粒狀或團狀等）以及飼餵方法要根據具體條件而定。可以說，投餵方式與對飼料的營養要求同樣重要。

1. 開食時機及餌料種類

　　剛孵出的子魚以卵黃為營養源，2天後，卵黃囊消失，可攝取外源性營養物質。對於人工配合飼料，錦鯉子魚開口時即可攝食，但其最主要的餌料還是浮游生物、水蚯蚓等活餌料，對人工飼料有一個適應過程。在此期間用水蚯蚓及配合飼料混合投餵效果最好。大約30天後，魚苗對人工配合飼料的接受能力增強，開始大量攝食人工配合飼料，這一時期的魚苗即可進行人工配合飼料強化轉食。

2. 配合飼料的規格

　　顆粒飼料具有較高的穩定性，可減少對水質的污染。此外，投餵顆粒飼料時，便於具體觀察魚的攝食情況，靈活掌握投餵量，避免飼料的浪費。最佳飼料顆粒規格隨魚體增長而增大，最好不要超過魚的口徑。

3. 投飼方法

投飼方法包括人工手撒投飼、飼料台投飼和投飼機投飼。人工手撒投飼的方法費時費力，但可詳細觀察魚的攝食情況，池塘養魚還可透過人工手撒投飼馴養魚搶食。飼料台投飼可用於攝食較緩慢的魚類，將餌料做成麵團狀，放置於飼料台讓魚自行攝食，一般要求飼料有良好的耐水性。投飼機投飼則是將飼料製成顆粒狀，按一天總攝食量分幾次用投飼機自動投飼。用投飼機投飼時，要求準確掌握每日攝食量，防止浪費，該方法省時省力。

4. 投飼次數

投飼次數又稱投飼頻率，是指在確定日投飼量後，將飼料分幾次投放到養殖水體中。魚苗6～8次／日，魚種2～5次／日，成魚1～2次／日。

5. 投飼時間

一般來說，以上午10時、下午3時左右給餌為宜，晚上不給餌。

6. 投飼場所

池塘養魚的投飼場所應選擇向陽、池底無淤泥的地方，水深應為0.8～1公尺。

如選擇靠近房屋的固定場所，在固定時間投餵，這樣錦鯉形成習慣之後，只要聽到主人的腳步聲，就會自動群集索食。也可用音樂訓練錦鯉，每次餵食前放一段音樂，待

錦鯉形成條件反射後，一聽到音樂就會集中在固定場所。

常用飼料有浮性及沉性兩種。餵食浮性的飼料能觀賞到魚群爭食的情景，可以增加飼餵錦鯉的樂趣。

錦鯉易於馴服，可訓練其從主人手中取食；有人將飼料含在嘴上讓魚來取食，或用奶瓶讓魚吸吮；更有人將魚抱起，在空中餵食。可謂花樣百出，其樂無窮。

7. 馴 食

錦鯉的馴食就是訓練錦鯉養成成群到飼料台攝食配合飼料的習慣。馴食可以提高人工飼料的利用率，增加錦鯉的攝食強度，使成魚的捕撈、魚病防治工作更加簡單有效。如果池塘投放的錦鯉規格較大，在苗種階段進行過馴食，其後再進行馴食比較容易；如果投放的錦鯉規格較小，苗種階段可能沒有進行過馴食，應盡早訓練。

對錦鯉馴食的方法很多，現介紹一種簡單有效的方法。當錦鯉身長達到 5 公分時，每天傍晚時分，將新鮮的魚蝦肉漿投放於飼料台，待錦鯉吃食後，再拌和部分顆粒飼料，這樣連續 10 天左右，馴食即可獲得成功。

錦鯉的給餌以八分飽為宜。常以大魚 30 分鐘吃完，小魚 5 分鐘吃完為度。根據魚池構造、魚體大小、數量、水溫等給餌，一般數日即可知道魚兒的需要量。

但如魚體健康欠佳（尤其是魚體有寄生蟲，如鯴或錨頭魚蚤等）、天氣異常及水溫驟降時，魚的食慾會降低，故需根據其攝食狀況增減餌料。目前養巨鯉之風日盛，為育成巨鯉，就必須多餵餌，唯一的方法是少量多餐，這就要根據水質好壞及魚體健康狀況謹慎處理。

第五章 錦鯉的飼養技術

第一節 飼養用水和飼養容器

一、水的種類

飼養錦鯉可選擇地表水，如江河、湖泊等天然水；地下水，如井水、泉水；自來水；雨水等，為了使錦鯉的顏色鮮豔且富有光澤，就必須調整水質至理想狀態。

二、水質對錦鯉的影響

不同的水質對錦鯉影響是不同的，影響水質的因素主要有水體的pH、二氧化碳含量等。

三、常用的水質處理試劑和水質測試劑

水質處理的試劑主要有水質安定劑、水質處理劑、活性硝化細菌、水質澄清劑等。水質測試劑種類較多，主要是用來檢測水中的 Cl^-、CO_2、Cu^{2+}、NH^+_4、NH_3、NO_2、NO^-_3 等濃度及 pH 的專用檢測試劑。

四、錦鯉的換水

錦鯉在水中的排泄物、吃剩的餌料、外界飄落異物等，經微生物分解發酵後容易使水質變壞，因此必須注意換水。同時，錦鯉的尿液以氨為主要成分，氨在水中對錦鯉有害，換水也是減少水中氨含量的措施之一。

1. 徹底換水

全部換水時應拔掉飼養器材的電源，將錦鯉撈出放入與原水溫相近的盛有新水的盆內，放入增氣泵氣頭增氧，防止換水時間過長，錦鯉出現缺氧現象。然後把缸內陳水用吸管放去，取出鵝卵石、水草清洗消毒。

錦鯉缸四周玻璃要沖洗乾淨，然後注滿新水（新水就是指經日曬2～3天的自來水或按每50公斤自來水中投放米粒大的小蘇打去氯後又靜置半天以上的自來水）。對水盆內的錦鯉可用1%～2%的鹽水泡5～10分鐘，隨後把水草、鵝卵石放好，再把錦鯉放入缸內即可。

2. 一般換水

平時每隔1～3天一次，主要是用吸管吸除錦鯉缸內的糞便、餘餌料和陳水，吸除水量應占缸內總水量的1/10～1/4；當水質不良時，則可吸去1/3～1/2。然後徐徐注入等溫、無氯新水。

也可購買過濾器放入錦鯉缸內，每天定時開1～2次，每次1～2小時，這樣既可保持錦鯉缸水質良好，又可減少一般換水和徹底換水的次數。

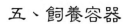

五、飼養容器

1. 水泥池

水泥池是各生產廠家較多採用的一種，也是庭院、公園飼養錦鯉常見的容器，既可以放在室內，也可以放在室外。形狀可為正方形、長方形或圓形等，用磚或混凝土砌築而成。錦鯉池的大小，一般多採用1公尺×1公尺、2公尺×2公尺、3公尺×3公尺、3公尺×4公尺、4公尺×4公尺等規格。錦鯉池水深以0.8公尺左右為宜，最深處為1.0～1.2公尺，如果冬天不進室內越冬，深度可加至1.5公尺。池的四角做成圓弧形，有利於洗刷池壁汙物。

大面積飼養錦鯉時，池宜做成雙排式，中間設一條進水管道。錦鯉池應有分開的進水和排水系統，每個錦鯉池均應有獨立的進、排水口。

2. 土池

土池的面積不宜太大，以0.1～1畝（1畝≈666.7m^2）為宜，水深以1.0～1.5公尺為宜。土池也應要求進、排水系統齊全，形狀以東西長於南北的長方形為好，堤坡坡度以1：（1～1.5）為宜。

3. 缸

缸是傳統的飼養錦鯉的容器，常用的有黃砂缸、天津泥缸、宜興陶缸、江西瓷缸等。通常盛水量在60公斤左右，適宜於飼養錦鯉苗、錦鯉幼魚。

4. 木盆

　　木盆多為圓形，自古就已採用。一般直徑0.7～1.5公尺，盆高0.3～0.5公尺，俗稱「木海」或「魚盆」。木盆是錦鯉生產單位必備的容器，它冬天可以搬進室內越冬，春天移至室外也方便。

5. 水族箱

　　水族箱是家庭飼養錦鯉普遍採用的設施。其形狀、大小可視需要自由選定，形狀也各式各樣，是各地都樂於採用的飼養容器。水族箱具有水循環、水的淨化處理、集汙、排汙、增氧、殺菌、加熱、製冷、照明、自動控制水溫等功能。它受外界環境條件的影響很小，很適合錦鯉等水生生物生活習性，又能保證水溫、水質等指標的平衡、穩定。它可用於陳列錦鯉展品或賓館、飯店、公園及家庭飼養錦鯉之用。

六、錦鯉的色彩強化培育

　　在室外飼養錦鯉具有生長速度快、產量高、投入比較低的優點，但是它有一個致命的缺點，往往會影響錦鯉的品位和價格。這個缺點就是錦鯉的色彩達不到要求，尤其是達不到進出口的要求。

1. 色彩弱化的原因

　　根據廣大漁友的實踐經驗和許多漁業專家的長期探索，一致認為造成錦鯉色彩弱化的原因主要有以下幾點：

（1）長期雜交或近親繁殖造成錦鯉的種質退化，色彩弱化是其中很重要的一項。

純種錦鯉一般性狀較優，例如個體較大，身材修長，色彩豔麗，特徵鮮明。而長期近親雜交或無序交配會導致雜交種或退化種大量產生，色彩及外形差別也較大。

（2）水質不佳導致色彩弱化

在露天環境中，錦鯉的飼水有清水、綠水、老綠水、澄清水和褐色水的變化。如果水變得混沌、水質變得惡劣，會導致魚的體色模糊，色彩單調，沒有鮮豔的感覺。可以透過光照養成綠水，養好的水應該發亮、清澈，顏色稍微發綠，這樣會使魚的色彩更豔麗。

（3）餌料不佳導致色彩弱化

主要是餌料品種單調，營養不良，不利於色素細胞的沉積，導致錦鯉體色灰暗、沒有光澤。

2. 強化培育色彩的技術手段

強化色彩的培育，可以使錦鯉的色彩更鮮豔奪目，花色更豐富多彩，通常採取的技術手段主要有以下幾點：

（1）科學繁殖

為了得到純良的後代，在繁殖飼養時要將不同品種的魚按照繁殖的要求進行隔離養殖。具體來說有兩種方法：

一是同品種雌雄混養。也就是將同一品種的多尾雌、雄魚合養在一個水族箱裏，讓它們自由交配以繁殖後代。

二是不同品種雌雄分離飼養。也就是將不同品種的雄魚合養在一處，雌魚合養在另一處，在繁殖的時候挑選合適的雌、雄魚只合缸，以避免過度交配對親魚造成損害，

維持後代品系純良。

（2）加強水質的培育

經常加注新水有利於刺激錦鯉魚體變色；老水有利於顏色的穩定及加深，如果是池養，綠藻有利於增色；經過過濾長期清亮的水也有利於體色的加深。

（3）飼料營養要合理

要保證動物性和植物性餌料的合理搭配，尤其是在使用配合餌料時，要添加增色劑。在幼魚期，應給錦鯉多餵食一些營養豐富的動物性餌料，這樣做不僅可以促使錦鯉體色豔麗，還可以增強錦鯉的體質。另外在投餵時要多餵一些螺旋藻，螺旋藻含有豐富的 β–胡蘿蔔素，對提高錦鯉體表鱗片的光澤、色彩是大有益處的。

如果是自製飼料，在飼料中添加營養素的做法就變得極其簡單，可以直接向飼料中添加螺旋藻或是維生素藥品（如21金維他），也可以添加其他的增色劑。主要增色劑有以下幾種：

海帶粉：在飼料中可添加2%～3%海帶粉。

螺旋藻粉：在飼料中可添加1%～2%螺旋藻粉。

胡蘿蔔素：0.1%～0.5%的胡蘿蔔素有很好的增色效果。

南瓜：在配合飼料中添加老南瓜可使錦鯉的體色增豔加深，添加量為0.5%左右。

血粉：含有豐富的血紅素，是一種增色劑，添加量在0.5%～1%。

蝦紅素：是一種效果很好的增色飼料，一般在飼料中添加0.1%～0.5%就可以了。

（4）加強小水體的培育

方法是在出售前的3個月左右，將錦鯉用網拉起，然後用20公尺²左右的小水泥池進行專門培育。在培育過程中加強管理，投餵優質的餌料和增色劑，對水質進行人為調控，一般可達到目的。

第二節　水族箱飼養錦鯉

水族箱飼養錦鯉大多在室內進行，目的是為了更加清楚地看到其翩翩泳姿、豔麗色彩、華貴斑紋及高雅品貌。水族箱應盡可能使用大規格的，一般為90公分×60公分×45公分以上的水族箱。

一、水族箱的過濾設備

在飼養錦鯉的過程中，水族箱中常常會產生一些雜質，例如，錦鯉吃剩下的食物殘渣、排出的糞便以及水草的新陳代謝物等，這些雜質往往會影響水的質量，進而影響錦鯉的生長發育甚至生存。因此要透過過濾設備將這些雜質及時地清除出去。

過濾器可透過水泵把水引入過濾網等相關設備，經過一系列的理化反應或生化作用，使水重新達到飼養要求，再將乾淨水及時地循環回水族箱中。

1. 水族箱的過濾方式

過濾是保持水族箱中水質乾淨和穩定的主要方式，也是水族箱最基礎的設施之一。根據不同的飼養需求、不同

的水族箱而採用不同的過濾方式，家庭用水族箱常用的過濾方式有三種，即機械過濾、生物過濾和化學過濾。

2. 過濾器的選擇

依過濾器在水族箱上的位置、過濾功能及對象的不同，錦鯉飼養中常用的過濾器分為底部過濾器、上部過濾器、外置過濾器、內置過濾器、混合過濾器等數種。

3. 濾材的選擇

過濾時使用的媒介材料叫濾材。濾材的種類繁多，各種濾材對水質的影響也各不相同，主要有過濾棉、活性炭、生化球、陶瓷圈、樹脂、砂石類等。

二、水族箱的溫控設備

錦鯉是冷血動物，它的體溫及新陳代謝的能力隨外界環境溫度的變化而發生變化。過高或過低的水溫都會影響它們的生長發育。所以，水族箱飼養錦鯉，需要設置溫控設備，使水族箱內的水體溫度恒定在適宜於錦鯉生長繁殖的範圍內，保證錦鯉的正常生長發育。而當水族箱內的水溫超出或低於正常溫度範圍時，溫控設備便會自動開機或關機。

溫控設備主要是加溫設備，包括加熱器、底部加溫器、溫度自動控制器等，還有一類就是冷卻器。

三、水族箱的充氣設備

充氣設備又稱增氧泵，其種類較多，大型水族箱或飼養錦鯉數量較多的水族箱可採用空氣壓縮機或大功率、輸

出量大的氣泵供氣，中小型水族箱或飼養錦鯉數量不多者，可採用專門的電動微型空氣壓縮泵送氣。按驅動氣體運動的方式來劃分，目前市售的空氣氣泵有電磁震動式和馬達式空氣氣泵兩大類。

安放增氧泵時，要把增氧泵安放在超過水族箱或錦鯉池水面的高度，在增氧泵的下面墊一塊硬泡沫塑料板，可起到降低噪音干擾的效果。

使用增氧泵的時間，一般與水族箱或錦鯉池裏的水質狀況、錦鯉的密度、錦鯉的個體大小及當時所處的季節和水體的溫度等許多因素都有關係。在水質良好而且錦鯉的密度不大、錦鯉個體又較小的情況下增氧泵可以少開，尤其是水族箱或錦鯉池的體積較大、溫度較低、錦鯉不會出現因缺氧窒息而浮頭的現象時，可以不開動增氧泵或僅在黎明前開機2～3小時即可，反之則要多開。如果增氧泵工作時間過長或連續開機幾晝夜時，可選擇晴天中午停機1～2小時，以避免它因受熱而損壞的情況發生。

四、水族箱的照明設備

飼養錦鯉的目的，主要是供人們觀賞，因此，水族箱必須有一定的照明設備。水族箱內照明設備的安裝位置與材料的選擇、照明強度的確定，必須根據所飼養的錦鯉對光線的要求和觀賞效果來確定。一般室內照明光源採用白熾燈泡或日光燈。白熾燈泡耗電大，照明面積小，但使用方便。目前日光燈的應用較為廣泛，有15瓦、20瓦、30瓦、40瓦等規格。安裝位置一般以在水族箱頂部或其前上方為宜，其亮度應能使水族箱內景物清晰。目前，有一種

專供水族箱養錦鯉用的紫外殺菌燈，既可照明，又具殺菌功能，是一種理想的人工光源，主要用於小水族箱的照明。

五、水族箱的其他設備

1. 水族箱的裝飾品

在水族箱中擺放裝飾品不但可營造觀賞氣氛，使人賞心悅目，還可當做錦鯉子魚和錦鯉幼魚的隱蔽場所。裝飾品有人工裝飾品和天然裝飾品兩類。人工裝飾品種類繁多，有假山、涼亭、彩色背景、古堡、玩具、假動植物等。天然裝飾品以最能展現自然美的沉木、岩石和水草為主。

2. 配景的材料

水族箱中常用的配景材料主要有沙子、石頭、微型工藝品等。

3. 水族箱的輔助飼養器材

水族箱中常用的輔助飼養器材主要有儲水桶、臉盆、膠皮管或塑料管、玻璃吸管、抄網、撈勺、浮游生物網、餌料暫養缸、飼架、鑷子、刮苔器、磁力刷、抹布、測量器具、草吸等。

六、水族箱中錦鯉的飼養密度

根據飼養經驗，不同大小的水族箱，飼養不同規格的錦鯉，它們的飼養密度有一定的差異。表1列出了常用的錦鯉水族箱的容積和錦鯉的飼養密度，僅供參考。

表1　不同尺寸水族箱中錦鯉的飼養密度

水族箱的大小			不同長度錦鯉的飼養尾數		
長(公分)	寬(公分)	高(公分)	5公分	10公分	15公分
36.3	24.2	24.2	2	1	－
39.4	24.2	30.3	3	1	－
39.4	30.3	30.3	4	2	－
45.5	24.2	30.3	4	2	1
45.5	30.3	30.3	5	2	1
60.6	30.3	30.3	6	3	2
60.6	36.3	36.3	10	5	3
90.9	45.5	45.5	20	10	4
90.9	45.5	60.6	25	12	4
121.2	60.6	60.6	45	22	6
151.5	75.4	75.4	80	40	10
201.2	100.3	100.3	200	90	18

七、飼養管理

1. 投餌

　　家庭水族箱飼養錦鯉最好用魚蟲、水蚯蚓等活餌料，錦鯉子魚則需要餵「洄水」。洄水是觀賞魚愛好者業內的行話，指的是湖泊、坑塘、溝渠中富含草履蟲、原蟲等的水體。因為浮游生物在大量繁殖時，在水層中呈灰白色雲霧狀成群漂動回蕩，所以稱之為「洄水」，也可叫「灰水」。也可投餵營養成分齊全的人工合成餌料。

投餌一定要嚴格定時、定量，以保持水質清新。一般來說投餌次數以每天1～2次為宜，早晚各1次，晚上的1次宜早不宜晚，應於下班後立即投餵；如遇傍晚有陣雨、降溫等預報，則應少投或不投餌；早晨投餌，可在上班前進行。每次投餌後，要根據錦鯉是否能在1小時內吃完，同時參照糞便顏色，判斷錦鯉消化是否良好而決定下次投餌量。

2. 清汙

水族箱飼養錦鯉，要求水清魚鮮，故保持水質澄清是首要任務。在夏季炎熱時，每天均需清汙1次，其他季節可適當延長間隔時間。

清汙的方法是用膠皮管吸除沉積在水族箱底部的錦鯉糞便、殘存餌料等物，然後再徐徐添入與吸出的不清潔水等量的經過晾曬的新水。

高效的過濾系統能保持水族箱內水質良好。但是，循環過濾系統經過長時間的過濾後，濾層會堵塞，影響過濾速度和效率；沉積物在濾層中會腐敗分解產生 H_2S 等有毒氣體，污染水質。因此，必須精心維護過濾系統。

以礫石和砂石為主要濾材的，需不定期地進行洗滌，以保證水流的暢通，必要時可以把濾層上的沉積物清除掉。如果使用活性炭進行過濾，其壽命根據水族箱的水質和活性炭的質量而定，需要2～5個月更換一次。

3. 水質監測與換水

水質監測是室內錦鯉飼養管理中必不可少的環節之

一。根據測定的數據和水質變化情況，採取相應的管理措施，預防病害和死亡的發生。日常水質監測的主要項目包括：水溫、pH、鹽度、溶解氧、氨氮濃度、亞硝酸鹽、硝酸鹽和細菌數等，有條件的還要有針對性地測定某些重金屬離子含量。

換水是調節水族箱水質的簡單而直接的方法，給錦鯉換水是日常管理工作的重要一環，也是錦鯉飼養成功與否的關鍵環節，故有「養錦鯉先養水」的說法。

換水量、次數和頻率依水族箱的條件（主要是過濾系統的效率）、飼養種類、飼養密度和飼養方式等因素綜合考慮。其方法與步驟如下：

（1）晾　水

在換水前一兩天，需採取晾水措施，將自來水注入同一地點的水泥池或空閒錦鯉池，靜置24～48小時後，待其溫度逐漸與相鄰錦鯉池中的水溫一致時即可。晾水具有增氧和使氯氣逸出的作用。

春、夏、秋三季換水時，新水溫度最好能比老水溫度低0.5～1.0℃，而冬季換水時最好使新水比老水的溫度高0.5～1.0℃。

（2）吸液取物

其方法是先用膠皮管將上部清水吸入清潔容器內。再取出水草、石塊等飾物，用清水漂洗乾淨。

（3）撈錦鯉

用撈錦鯉網兜將錦鯉撈起，並用勺遮住網的上方，以免錦鯉躍出跌傷。若養的是小錦鯉，則宜改用鋁勺帶水一起撈出放入吸出的上層清水中。

（4）**清洗錦鯉缸**

取出變色發臭的細沙後，用清水反覆沖洗水族箱，擦淨。

（5）**恢復水族箱**

即洗刷完畢之後，按順序鋪沙、置石、注水、種草、放入錦鯉，再添加已晾好備用的新水至原水位。如此一來，水族箱又整治一新。

第三節　生態缸飼養錦鯉與管理

一、確定適當的飼養密度

設立錦鯉生態缸首先要確立的是飼養密度。錦鯉的體形大、排泄物多，所以水質不易維持，於是飼養的密度就成了維持水質的第一道「防線」。

生態缸中適合的飼養密度是1升水可放養1公分長的錦鯉，也就是如果你的缸有150升，你就可放養長度達150公分的錦鯉，即大約15條10公分大小的錦鯉。

二、科學投餵餌料

1. 餵食法

錦鯉生性溫和，有人靠近時也不會躲避，所以餵食時也是欣賞錦鯉的好時機。如果定點餵食或是在餵食時發出訊號，例如放音樂、輕敲錦鯉缸等，它們會聚集在餵食點等待主人的餵食，甚至會直接從主人手中取食。

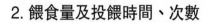

2. 餵食量及投餵時間、次數

如餵乾餌、麩皮、豆餅和配合飼料，應根據錦鯉的食慾和消化情況來確定投餵量，切勿過量。如果天氣晴朗，溶氧充足，水溫適宜錦鯉正常活動，可適當多投餵；如果連陰天或天氣悶熱、溶氧量低，錦鯉攝食量低，可適當少投餵；浮頭、患病的錦鯉，要少餵或不餵；嬌嫩珍貴的種類也要適當少餵。餵活餌的錦鯉糞便呈綠色、棕色或黑色，表明錦鯉攝食適度，消化良好；糞便呈白色、黃色時表明錦鯉過飽，不可再投餵。

投餵時間視餌料種類而定。投餵活餌多在太陽初升時一次餵完，秋、冬季可推遲1～2小時投餵，嚴冬時中午少量投餵。如餵乾餌和配合飼料，以在1～2小時內能吃完為宜。

投餌的次數得依照錦鯉當時的健康狀況、水的狀態、水溫來進行調整，其中又以水溫為最重要，最適合的水溫為22～25℃，餵食次數一日3～6次，以少量多餐為原則。

三、維持良好水質

飼養錦鯉的水質為 pH6.7～7.5 的中性水，最佳為 pH7.2～7.4，水中的溶氧量為6～8 毫克／升。鋪有底部導流管的錦鯉生態缸可以一星期換水一次，每次換水量約1/3。

四、預防錦鯉疾病

相對而言，錦鯉生態缸是個相對穩定的小環境，所以

疾病在生態缸中基本上是不常見的，因此在引進錦鯉時對新魚的檢疫就顯得格外重要，病原一旦引入，一缸的錦鯉都會產生病變。

（1）錦鯉選購法

選購錦鯉時，選擇色澤亮麗、體形端正、活動量大、沒有外傷的錦鯉，外觀看起來漂亮的錦鯉相對也比較健康。

（2）加強預防

將錦鯉先放入一個小型的缸內，用魚病預防劑藥浴3天，不要餵食，觀察此期間是否有病症出現，若有病症出現則需馬上對症下藥處理，經過此防疫關卡後再放入水族箱中。同時分批次放入錦鯉也是預防錦鯉疾病的方法之一，例如，生態缸內預備放10隻錦鯉，可分成三批放入，等上一批的錦鯉一切正常後再放入下一批錦鯉。

（3）體外寄生蟲的處理

剛購入的錦鯉最常出現的就是鯴、錨頭魚蚤等甲殼類體外寄生蟲，原因是錦鯉養殖場都是室外水泥池或土池，最容易造成體外寄生蟲的感染。處理方法是將殺滅體外寄生蟲的藥直接投放於生態缸中使用。

（4）加強護理

平時多觀察錦鯉體表的變化、游泳狀態等是否與平常有異。大部分的疾病都會在體表出現症狀，尤其是寄生蟲最易觀察到；另外表皮充血、色澤消退等也都是出現疾病的症狀。

五、及時清洗缸壁

在換水之前，如發現與水面交接處的缸壁上有水痕，

以及水中底沙上有綠色藻類時，就要及時清洗缸壁，去除藻類。方法是用乾淨的過濾棉輕輕地將水痕及藻類擦去，然後再換水。

六、注意植物修剪

錦鯉生態缸內既有上部的陸生植物，也有下部的水生植物，在修剪時應區別對待。

（1）陸生植物修剪

一旦發現有枯黃的葉片，要立即把枯黃葉片輕輕摘除，也可用專用剪刀進行修剪，同時增施葉肥。如果發現陸生植物生長過於茂盛，有喧賓奪主的感覺，可以由修剪來控制它的生長，主要是及時剪去它的頂端和生長枝。

（2）水草修剪

如果發現水草有死亡、枯萎的現象，要立即用專用水草剪刀剪除，並適時增施液肥。

七、創造別致的生態缸景觀

生態缸就是仿照戶外錦鯉池造景，創造出一個有觀葉植物及流水瀑布的半陸半水花園景觀。由於水量不多，缸內宜放養體長25公分以下的小錦鯉。生態缸內可種植各種陸生植物，為造景者發揮想像力提供了充足的空間，萬紫千紅、嫩綠鵝黃全憑各人喜好。

錦鯉生態缸造景時，水面下只要適當點綴水草即可，讓錦鯉成為欣賞重點，也留給錦鯉一個較大的活動空間。在水草的選擇上，儘量選用枝葉粗大的水草，例如鐵皇冠類、黑木蕨等。

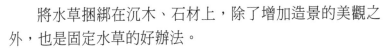

將水草捆綁在沉木、石材上，除了增加造景的美觀之外，也是固定水草的好辦法。

在造景形式上則應偏重凹形的造景方式，多將空間留給錦鯉。錦鯉生態缸最好不鋪設前景草，因為細小的前景草很快會被錦鯉吃光。

八、規範日常檢查

在生態缸中飼養錦鯉時，一定要規範日常檢查，檢查的內容有錦鯉的生長情況、有無病害，水草和陸生植物的生長發育情況、有無病害發生，生態缸的運轉是否正常、是否要及時清理，餌料是否符合錦鯉的口徑、是否符合營養需求等。

檢查的時間最好定在每日的上午10時左右，一般不在晚上進行，在一切都檢查好後可進行投餌。

檢查的方法是「一看二查」。「一看」就是在距離生態缸半米處，仔細看看，看缸壁是否有污垢或青苔，水是否混濁等。「二查」就是一查生態缸中是否有殘留的餌料，二查錦鯉體表是否有寄生蟲和植物是否有黃葉、落葉等現象。

第四節　庭院飼養錦鯉的技巧

一、水泥池的建造

水泥池位置以靠近房間為宜，這樣便於餵餌、觀賞；池邊不宜有大的落葉樹木，以免落葉敗壞水質；水泥池應

該修建在向陽背風的地方，每天有2～3小時陽光照射為佳。

水泥池多數為正方形或長方形，一般要求面積15～35公尺²，深1.2～1.8公尺，最少也要80公分，方形錦鯉池較易於管理。

修建時，先用磚砌成池子，再用水泥做護面。為了防止水泥池漏水或滲水，作為護面的水泥一般要塗抹四層。修建在室內時，應該考慮到水泥池的通風和照明。水泥池的形狀、尺寸可根據需要而定。

池內壁要平滑，池面儘量寬闊，不宜採用凹凸不平的石頭，以免傷害錦鯉，同時要儘量避免錦鯉池死水位（指池中長期不變化的水位）出現。

新修建好的水泥池，待水泥凝固之後，便可注滿水，但是不能馬上使用。因為水泥中含有相當數量的鹼性鹽類，必須先去除水泥中的鹼性鹽，試水後才能養錦鯉。

一般在新池注滿水後，每平方米面積水泥池加入約50克冰醋酸混合均勻，24小時後排出；再重複1次，3～5天後排走；再放清水浸泡2～3遍，然後放養一些廉價錦鯉入池以瞭解水質安全性，如試水錦鯉反應良好，就可放入高檔錦鯉了。

二、過濾的種類及過濾池的建造

（一）過濾的種類

庭院飼養錦鯉用水泥池的過濾分為物理過濾、化學過濾、生化過濾、植物過濾。

1. 物理過濾

物理過濾就是利用各種過濾材料或輔助劑將水中的塵埃、膠狀物、懸浮物和枝葉等除去，保持水的透明度。比較傳統而簡便的方法是使用沙、石粒過濾，以除去肉眼可見的懸浮物。

2. 化學過濾

化學過濾就是利用濾材將溶解於水中的各種有害的離子化合物或臭氣等，以吸收的方式除去。常用的濾材有活性炭、麥飯石和磷石，其他還有離子交換樹脂等。

3. 生化過濾

生化過濾就是利用附著於濾材上的生化細菌，將錦鯉的排泄物如糞尿、殘餘餌料及所產生的含氮有機物或氨等，加以氧化處理的方法。常用的濾材有生化毛刷、纖維棉、生化絲及生化球等。

4. 植物過濾

植物過濾就是利用植物吸收水中有害因子的方法。一般可利用水生植物如浮萍等，它們的根系發達，除了有過濾的作用外，還能吸收水中鐵離子及農藥。

（二）過濾池的建造

由錦鯉池底最深處引接水管至沉澱槽，將水經各種濾材處理後用循環抽水泵抽回水泥池，不斷過濾水體。沉澱

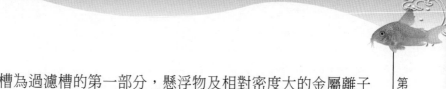

槽為過濾槽的第一部分，懸浮物及相對密度大的金屬離子在此沉澱，沉澱槽底部經活門接排水管可將污水排掉。

過濾槽的大小為錦鯉池的 1/5～1/3，過濾池面積越大，過濾效果越好。如要添加自來水或地下水至錦鯉池，應將新水放入過濾槽中，可以使水軟化及減輕殘留氯氣危害。不宜將新水直接加入錦鯉池。

因生化細菌分解作用需要氧氣，故過濾槽必須配置曝氣管以增加水中溶氧量。常用空氣壓縮機將空氣直接壓入水中，也可使用添加純氧的方式。室外池因陽光強烈，可使用殺菌燈殺滅水中過多的綠藻；也可採用遮陰裝置如遮光布或塑膠浪板遮蓋錦鯉池 1/3 左右，防止紫外線對池水及錦鯉的顏色造成影響。

三、庭院飼養錦鯉的技巧

1. 保持池中充足的溶氧量

為防止錦鯉缺氧，必須使用打氣機或空氣壓縮機將空氣打入池水中。

2. 飼養少量優良錦鯉

飼養少量的優質錦鯉是養錦鯉的一大要訣。

3. 實行底部排水，換水立體化

排水管千萬不能置於水泥池上部，換水應立體化，將不良因子儘早排出池外，才能促使錦鯉體色豔麗、生長正常。

4. 以生化過濾循環改善水質

一般來說，在影響錦鯉品質的因素中，遺傳因素及素質占50%～70%，水質占20%～30%，飼料占10%～20%，可見改善水質是何等重要。

5. 營造青苔繁茂的水泥池

「造水」最重要，即造出青苔繁茂的「熟水」。採用生化過濾、物理過濾、化學過濾和植物過濾相結合的方法，使新水迅速軟化、舊水得以淨化，如此池壁上就會產生地毯一樣綠色的青苔，這是水質良好的標誌。

6. 驅除寄生蟲

錦鯉體外寄生蟲有錨頭魚蚤和鯴等，仔細觀察均能發現。寄生蟲會導致錦鯉群縮聚在角落，互相摩擦或摩擦池底，食慾減退，體力衰弱，並因為寄生蟲侵襲後造成其他病菌感染而引起併發症致錦鯉死亡。常用敵百蟲予以清除，用量應視水溫、錦鯉的狀況而定。

7. 冬、春季的飼養管理

冬、春季水溫常在20℃以下，錦鯉的活動、攝食大為減少，新陳代謝變緩，消化機能較弱。因此，應少餵餌料。在冬、春季，同樣要仔細觀察錦鯉的健康狀況，注意驅除寄生蟲。

特別在初春，水溫驟升，錦鯉的抵抗力差，而此時各種病害開始大量繁殖，極易感染體弱或有傷的錦鯉。因此，注

意消毒池水和魚體，保證水質潔淨至關重要。

8.夏、秋季的飼養管理

夏、秋季水溫高，錦鯉活動量大，攝食力強，生長快，色彩亦變得鮮豔。應注意少量多餐投餵，不要投餵過期或變質的餌料。

特別是秋季，錦鯉為過冬儲備營養，攝食非常旺盛，餌料應營養全面、新鮮。

第五節　公園飼養錦鯉的技巧

一、對公園錦鯉池水質的要求

（1）池水必須無味、無臭、無腐敗。

（2）池水肥瘦適中，透明度以達1公尺深為宜，太淺易發生浮頭、死亡現象，太深不利於錦鯉的生長發育。

（3）錦鯉池的池壁最好有少量青苔，太多了就要及時去除。

（4）池水中無異常水泡冒出。

（5）池水化學物質測定：pH6.8～7.4，硬度 15 以下，鐵離子濃度 0.3×10^{-6} 毫克／升以下，硫酸根離子 15×10^{-6} 毫克／升以下，氯離子 19×10^{-6} 毫克／升以下，不含殘留氯，溶氧量 5×10^{-6} 毫克／升以上，氨 0.1×10^{-6} 毫克／升以下，亞硝酸鹽 0.1×10^{-6} 毫克／升以下，硝酸鹽 5.5×10^{-6} 毫克／升左右，不含硫化氫，BOD（生物耗氧量）2.5～7，濁度在 5 度以下。

二、錦鯉池的建造

1. 建池要求

飼養錦鯉的錦鯉池必須考慮日照、風向、雨水、安全、落塵等數項因素；錦鯉池的面積最少要有15公尺^2；錦鯉池深度，養大型錦鯉需要1.5～2公尺，小型錦鯉則需0.8～1公尺；錦鯉池水量在20～50噸；對錦鯉池的形狀及構造，則無特定的要求。

現在一般的錦鯉池都配備生化過濾系統，維護管理比較容易。由於是長期的投資，最好請有豐富經驗的業內人士設計錦鯉池，找一家有實力的能提供良好售後服務的錦鯉養殖場至關重要，可以避免更改設計導致時間和資金的浪費。

2. 新池造水的步驟

在心愛的錦鯉池建好後，許多錦鯉愛好者就會立即放養錦鯉，但實踐表明，這可能會導致錦鯉死亡，造成巨大的損失，因此新池造水（也叫做水，即水質調節的意思）後再放養才是最明智的。新池造水一般有以下7個步驟：

（1）注滿水後，1公尺^{3}水用1升冰醋酸刷洗。

（2）開動底部抽水泵運行6～8天，使水泥中的矽酸鹽溶於水中。

（3）將水排出後，再用清水清洗全池2～3次，確保沒有冰醋酸存在。

（4）放入各種濾材，在過濾槽內注滿清水。

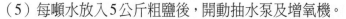

（5）每噸水放入5公斤粗鹽後，開動抽水泵及增氧機。

（6）抽水泵及增氧機運行3～5天後，放入價廉的錦鯉試養。

（7）測試水質是否符合以下要求：酸鹼度7～7.5，溶氧量（5～8）× 10⁻⁶ 毫克／升，氨 0.1 × 10⁻⁶ 毫克／升以下，亞硝酸鹽 0.1 × 10⁻⁶ 毫克／升以下。經多次觀察，當試養的價廉的錦鯉遊動順暢活潑、色澤鮮豔、攝食迅速時，便可以將名貴的錦鯉放入池中飼養了。

三、過濾池的建造和作用

過濾池的水量應保持在水泥池儲水量的20％～30％。如池子大需較大的過濾槽時，可裝設多個過濾槽，效率較高。各個過濾槽在裝設時宜採用平行相通式，從第一個過濾槽的上部進水，再從最後一個過濾槽的底部排水。如果空間許可，由過濾槽至水泥池之間可造一約30公分寬的水道導水，這比用塑料管導水好得多。

水道愈長愈好，如能將水道設計得別具一格，使它為公園的景色錦上添花，則更為理想。這種水道可使循環水充分與空氣接觸而使水軟化，同時還可使空氣中的氧氣充分溶解在水中。水道中鋪石灰石或者沸石，濾材本身也可附著硝化細菌，起淨化水質的作用。

四、飼養錦鯉的附屬裝置

1. 水道

無論是地下水、自來水，在進入錦鯉池或過濾池之

前，最好經過一條水道，水與空氣接觸，可迅速改善水質。以地下水為例，地下水含氧量低，硬度高，如果不經過水道進入過濾槽，缺氧的水會產生不良的細菌，就無法達到水質要求。如果經過水道，水的含氧量提高，pH 上升，硬度降低，水質即可改善。如果沒有水道，採用曝氣的方法也可以達到同樣的效果。

2. 水 源、馬達

水源一定要安全可靠，達到國家漁業養殖標準，水量要充足。尤其是在夏季，必須保證足夠的水量。在養殖池中加入足量的新鮮水時，錦鯉的食欲會變得更加旺盛。

馬達必須省電、安全且高效。

3. 其他的附屬設備

①打氣裝置，如空氣壓縮機，最近日本開始使用超聲波氣泡發生裝置；②水泥池遮陰裝置（如塑膠浪板，用來遮擋強光）；③錦鯉網、浮箱；④塑膠水槽；⑤自動給餌器；等等。

五、公園錦鯉池的管理

1. 品種搭配

在公園魚池中飼養錦鯉時，由於水面寬闊，人們可以從上到下地欣賞到錦鯉的全貌和身姿，因此品種選擇時，一般以紅白錦鯉、大正三色錦鯉、昭和三色錦鯉、黃金錦鯉或白金錦鯉、秋水錦鯉、淺黃錦鯉等相搭配。而在水族

箱中，人們只能觀賞到錦鯉的側面，可選擇錦鯉魚體會反光的品種，如黃金錦鯉、白金黃金錦鯉、松葉黃金錦鯉、山吹黃金錦鯉等，再搭配德國鯉。

　　但無論是飼養在土池中還是水族箱中，大多以色彩鮮明的錦鯉為主，顏色較暗、有光澤且優雅的為輔。

2. 投餌種類、次數

　　錦鯉為雜食性魚類，動物性或植物性餌料如水蚤、水蚯蚓、小蝦、玉米粉、碎麵條、蔬菜，甚至米飯團都可以餵食。若欲使錦鯉色彩鮮豔，除配合燈光、背景及水質外，更重要的是投餵高營養的專用錦鯉增色人工飼料，有片狀或顆粒狀專用飼料。

　　水溫不同，給餌次數也不一樣。參見表2。

表2　不同水溫下的給餌次數

水溫	給餌次數	水溫	給餌次數
10℃以下	不給餌	18～19℃	1週2～3次
10～13℃	1週1～2次	20～22℃	1週3～4次
14～15℃	1週1～2次	23～26℃	1週5～6次
16～17℃	1週2～3次	26～30℃	1週1～3次

3. 日常管理

　　要經常巡視池面，清除堵住水面排出口的雜物，以免使浮在水面的塵埃無法排出。要及時清除水中落葉，以免使水質敗壞。每天要排出池底水或過濾槽的底水。過濾槽

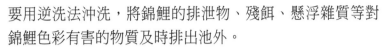

要用逆洗法沖洗，將錦鯉的排泄物、殘餌、懸浮雜質等對錦鯉色彩有害的物質及時排出池外。

春天，錦鯉池上應加蓋塑料薄膜，以保持水溫的穩定，防止突然間降溫幅度過大。投餵優質適口的餌料，並注意動物性餌料與植物性餌料的搭配，保持營養的平衡，以助其體質的恢復，並促其生長。

夏天，應於池上加遮光蓋，以防止水溫升幅過大。

8～9月份的初秋天氣，應多投些餌料，讓錦鯉吃飽、吃好。在餌料中應注意增加動物性餌料，以便使錦鯉安全越冬。

越冬期間，一是保持好水溫，防止錦鯉因水溫過低而凍死；二是適當投餌，儘量保持錦鯉不消瘦，並防止其發病。

第六節　池塘飼養錦鯉

一、池塘準備

1.位 置

要選擇水源充足、注排水方便、無污染、交通方便的地方建造魚池，這樣方便注、排水，也方便魚種、飼料和成魚的運輸。

2. 水 質

水源以無污染的江河、湖泊、水庫水最好，也可以用自備機井提供水源，水質要滿足漁業用水標準，無毒副作

用。

3. 面 積

面積一般為1～5畝，最大不超過8畝，高產池塘要求配備1～2台1.5千瓦的葉輪式增氧機。

4. 水 深

飼養池的水深應在1.5～2公尺。

5. 土 質

土質要求具有較好的保水、保肥、保溫能力，還要有利於浮游生物的培育和增殖。根據生產的經驗，以壤土最好，黏土次之，沙土最劣。

二、飼養密度

飼養密度要結合土池的大小、水量、水溫、充氧狀態、錦鯉體大小及生長情況等來調節，具體可以參考表3。

三、投 餌

1. 餌料的投餵量

一是按錦鯉體重的1/5左右，分幾次投餵；二是根據錦鯉的食慾，按錦鯉的吃食習慣搭設食台，以少量多次為原則，將餌料投放在食臺上，夜間再將剩餘的餌料取走，以免污染水質。

表3 土池中錦鯉的飼養養密度

土　池		錦　鯉	
面積(公尺²)	深度(公分)	體長(公分)	數量(尾)
3.3	30～60	12～15	20～30
		25～30	5～10
5	30	12～20	10～15
10	30～60	30左右	15～20
	50～100		10～20
15～20	50	15～20	30～40
		30	10～20
20～30	50～100	30左右	20～30
40～50	50～60	<30	30～40
	60～100	>30	20左右
100	50～100	<30	50左右
		>30	30～40
200	70～130	30	60～100
		45	40～50
		60	20～30

2. 餌料的投餵時間

　　一般在4～9月份，上午7時以前投餵一次水蚤；其餘月份，一般在上午9時投放水蚤。另外活螺螄可略多投放一些，因吃剩下的活螺螄可留在水中啃食水底和池壁附著的藻類及其他雜物，有清潔池水的作用，是很好的餌料。如果按上述投餵時間投餵配合餌料後，食臺上餌料吃完了，可再投放少量餌料，吃完再投，夜間取走。

四、日常管理

漁諺「三分養，七分管」，說明管理比飼養更重要。飼養錦鯉過程中的操作技術可以用「仔細、輕緩、謹慎、小心」八個字來概括。

（1）觀察錦鯉池中水質清潔衛生情況。

（2）觀察錦鯉池水的溶氧情況。

（3）測量錦鯉池水的理化指標。

（4）觀察錦鯉的活動及吃食情況。

（5）觀察錦鯉的精神、呼吸及糞便。

（6）觀察錦鯉的體表。

總之，錦鯉的日常管理是一項技術性很強的工作，必須認真做好並持之以恆。

第七節　池塘套養錦鯉

池塘套養錦鯉，可以合理利用飼料和水體，發揮養殖魚類之間的互利作用，降低養殖成本，提高養殖產量。

一、套養錦鯉的原則

在成魚養殖池中套養錦鯉時，對主養魚類沒有特別的要求，如溫和性的四大家魚，小型肉食性的鱖魚、鱸魚等均可。池塘套養錦鯉時應充分考慮錦鯉的小個體、雜食性且偏動物食性、底棲性以及晝伏夜出等特點，確定套養原則。

（1）如果錦鯉套養在主養肉食性魚類的池塘，對主

養魚類和錦鯉的規格都有一定的要求。要求肉食性魚類規格比錦鯉小。

（2）錦鯉的食性與鯉魚、鯽魚、鯪魚、非洲鯽魚等基本相同，而且棲息空間也相似。如果池塘主養這些魚類，只能套養少量的錦鯉，只有對主養魚類投餵足量的飼料，才會不影響錦鯉的生長。

（3）在飼養河蟹、蝦類的水體中不宜套養錦鯉。如果放養錦鯉，處在蛻皮期間的軟殼蝦、軟殼蟹容易被錦鯉吞食。

二、池塘環境

套養錦鯉的池塘必須是無污染的水體，pH在6.5～8.5，溶氧量在4毫克／升以上，大型浮游生物、底棲動物、小魚、小蝦豐富。

三、套養類型

（一）以錦鯉爲主的套養方式

就是以錦鯉為主，混養其他魚類的套養方式。一般春季每畝放養規格為4～6公分的錦鯉種2000～3000尾和規格為10～15公分錦鯉100尾，套養10公分左右的鰱、鯿、草魚600尾，採用密養、輪捕、捕大留小的方法飼養。也可以採用另一種放養模式，即每畝放養密度為錦鯉苗2000～2500尾，或越冬錦鯉魚種1500～2000尾。其他魚種為鰱魚250尾（規格為250克），鯿魚30～40尾（規格為250克），草魚50尾（規格為500克）。

注意魚種放養時，要用3％～5％的食鹽水浸泡10～15分鐘，並且先放錦鯉苗種，10～15天後再放其他魚種，以利於錦鯉的生長。

（二）以其他魚類為主的套養方式

就是以其他魚類為主，混養錦鯉的養殖方式。根據不同主養魚的生活習性和攝食特點，又分為以下幾種：

1. 主養濾食性魚類

在主養濾食性魚類的池塘中混養錦鯉時，放養密度一般為每畝產750公斤的高產魚池中，每畝混養3～5公分的錦鯉魚種80～100尾。

2. 主養草食性魚類

主養草食性魚類的池塘混養錦鯉時，用3～5公分的錦鯉下塘，放養量為每畝150尾，經過1年的飼養，出池規格可達600克。

3. 主養雜食性魚類

用3～5公分的錦鯉下塘，放養量為每畝30～50尾。

4. 主養肉食性魚類

主養兇猛肉食性魚類的成魚池塘中混養錦鯉時，每畝放養規格為150克的錦鯉50～80尾。

四、飼養管理

1. 施肥及水質調控

錦鯉喜肥水，池塘飼養要追肥，追肥應遵循「多施、勤施、看水施肥」的原則。一般每週每畝施糞肥150公斤或綠肥50公斤，糞肥必須經發酵腐熟後加水稀釋潑入塘中，施綠肥採取池邊堆放浸積的方法。使用化肥，如尿素每畝為1.5～2.5公斤，過磷酸鈣為3公斤。在早春和晚秋，水溫較低，有機物質分解慢，肥力持續時間長，追肥應量大次少；晚春、夏季、早秋水溫高，魚吃食旺盛，有機物分解快，浮游生物繁殖量多，魚類耗氧量大，加上氣候多變，水質易發生變化，追肥應量少次多。

池塘施肥主要視水色而定，如池水呈油綠色、褐綠色、褐色或褐青色，水質肥而爽，不混濁，透明度25～30公分，可以不施肥。如果水質清淡，呈淡黃色或淡綠色，透明度大，要及時追肥。如果池水過濃，變黃、發白或發黑等，說明水質已開始惡化，應及時加或換新水調節水質。同時，以合理投飼和使用生石灰，調節池水肥度。

2. 巡塘觀察

巡塘觀察是最基本的日常工作，要求每天巡塘3次。清晨巡塘主要觀察魚的活動情況和有無死亡；午間巡塘可結合投飼施肥，檢查魚的活動和吃食情況；近黃昏時巡塘主要檢查有無殘剩飼料。酷暑季節天氣突變時，魚類易發生浮頭，還應半夜巡塘，以便及時採取有效措施，防止泛池。

3. 食台檢查

每天傍晚應檢查食臺上有無殘餌和魚的吃食情況，以便調整第二天的投餌量。食台在高溫酷暑季節還應每週清洗消毒，消毒可用20毫克／升的高錳酸鉀或30毫克／升的漂白粉。

第八節　網箱飼養錦鯉

一、網箱設置地點的選擇

1. 周圍環境

要求設置地點選在避風、向陽的地方，陽光充足，水質清新，風浪不大，比較安靜，無污染，水的交換量適中，有微流水，周圍開闊，沒有水老鼠，附近沒有有毒物質污染源，同時要避開航道、壩前、閘口等水域。

2. 水域環境

水域底部平坦，淤泥和腐殖質較少，沒有水草，深淺適中，水位常年保持在2～6公尺，水域寬闊，水流暢通，常年有微流水，流速0.05～0.2公尺／秒。也可在20畝以上的池塘和水庫安放網箱飼養錦鯉。

3. 水質條件

水溫變化幅度以在18～32℃為宜。水質要清新、無污

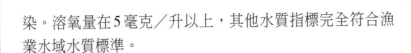

染。溶氧量在5毫克／升以上，其他水質指標完全符合漁業水域水質標準。

4. 管理條件

要求離岸較近，電力通達，水路、陸路交通方便。

二、網箱的結構與架設

（一）網箱的結構

養魚網箱種類較多，按敷設的方式分主要有浮動式、固定式和下沉式三種。網箱結構如下：

1. 箱 體

箱體面積一般為5～30公尺^2，網箱可選用網目1～3公分聚乙烯，網箱箱面1/3處設置餌料框。

2. 框 架

採用直徑10公分左右的圓杉木或毛竹連接成內徑與箱體大小相適應的框架，利於用框架的浮力使網箱漂浮於水面，如浮力不足可加裝塑料浮球。

3. 錨石和錨繩

錨石是重50公斤左右的長方形毛條石。錨繩是直徑為8～10毫米的聚乙烯繩或棕繩，其長度以設箱區最高洪水位的水深來確定。

4. 沉 子

用直徑8～10毫米的鋼筋、瓷石或鐵腳子（每個重0.2～0.3公斤）安裝在網箱底網的四角和四周。

5. 浮 子

框架上裝泡沫塑料浮子或用油筒等做浮子，均勻分佈在框架上或集中置於框架四角以增加浮力。

（二）網箱的架設

目前使用最廣泛的是敞口浮動式網箱，安置在流速為0.05～0.2公尺／秒的水域中。錦鯉喜肥水，所以網箱設置

圖127　網箱飼養錦鯉

地點應選擇在上游淺水區。設置區的水深應在2.5公尺以上。在水體較開闊的水域，網箱排列的方式，可採用「品」字形、梅花形或「人」字形，網箱的間距應保持在3～5公尺。串聯網箱每組5個，兩組間距5公尺左右，以避免相互影響（圖127）。

三、放養前的準備

1. 儲備飼料

錦鯉進箱後1～2天內就要投餵，因此，飼料要事先準備好。

2. 準備網箱

應根據進箱的魚種規格準備相應規格的網箱。

3. 檢查安全

在網箱下水前及下水後，應對網體進行嚴格的檢查，如果發現有破損，馬上進行修補，確保網箱的安全。

四、魚種放養

1. 規 格

網箱飼養錦鯉密度是很高的，投放的規格越大，它們對餌料的適應性越強。經過馴食的魚種進箱後就可以直接投餵人工飼料，生長亦快。

2.密 度

放養密度應結合水質條件、水流狀況、溶氧量高低、網箱的架設位置以及飼料的配方和加工技術等進行綜合考慮，一般 3～5 公分的幼魚放養密度為 300～500 尾／公尺^3，100～150 克的二齡魚種放養密度為 160～250 尾／公尺^3。

錦鯉的網箱飼養，目前常採用四級放養。第一級從 3 公分長養到 5 公分長左右，第二級從 5 公分長飼養至 10 公分長，第三級從 10 公分長左右飼養至 14 公分長，第四級從 14 公分長養至大型觀賞錦鯉。

第一級放養密度為 200～300 尾／公尺 3，第二級為 150～200 尾／公尺 3，第三級為 50～60 尾／公尺 3，第四級放養密度為 35～45 尾公尺 3。

五、飼料投餵

小網箱飼養錦鯉，可投餵浮性顆粒飼料。用聚乙烯網布將網壁和箱面 1/3 處攔截成飼料框，飼料框入水 25 公分。由於魚的游動和風浪，使浮性顆粒飼料隨水波在小網箱飼料框內浮動，錦鯉以為是活餌在動，就爭著搶食。

投浮性顆粒飼料飼養一週後，魚就對攝食浮性顆粒飼料習慣了。

採用的飼料必須營養充足，含有完全的維生素和礦物質預混劑，蛋白質含量一般應為 32％～36％。飼料的日投餵量要比池塘養殖大 10％左右。

當水溫在 18～23℃時，投餵量為魚體重的 5％～7％；水溫在 24～30℃時，投餵量為魚體重的 7％～10％；水溫

超過30℃時，投餵量應減少；超過35℃時，停止投餵。

　　每日分兩次投餵，上、下午各一次，投餵時間分別為8～10時和16～18時。每次投餌採取「慢—快—慢」和「少—多—少」的投餌方法。即開始投餵時，魚尚未集中，而結束前80％的魚已飽食或魚已達到80％的飽食量，此時就應該少餵慢餵。而在中間階段，魚激烈搶食於水面時，則應快餵多餵，這樣做可使魚攝食均勻，儘量減少浪費，並可縮短每次投餌時間。

　　投餵時應注意水中錦鯉「陰影」的變化，當攝食高潮的「陰影」逐漸變小時，應結束投餵，一般投餵時間在30分鐘左右。

六、飼養管理

1. 巡箱觀察

　　網箱檢查時間最好是每天早晨和傍晚。方法是將網箱的四角輕輕提起，仔細查看網衣是否有破損的地方，注意清除掛在網箱上的雜草、汙物。

2. 控制水溫

　　夏季必須採取措施控制水溫升高，在網箱四周種高大喬木或架棚遮陽。冬季低溫，可將網箱轉入小池飼養，可搭塑料薄膜保溫或者利用溫泉水、地熱水等越冬。

3. 控制水質

　　網箱區間水體 pH 維持在 7～8，以適應錦鯉生活習

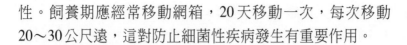

性。飼養期應經常移動網箱，20天移動一次，每次移動20～30公尺遠，這對防止細菌性疾病發生有重要作用。

4. 魚體檢查

透過定期檢查魚體，可掌握魚類的生長情況，不僅為投飼提供了實際依據，也為估計產量提供了可靠的資料。一般要求1個月檢查1次，分析存在的問題，及時採取相應的措施。

5. 網箱汙物的清除

網箱下水3～5天後，就會吸附大量的污泥，以後又會附著水綿、雙星藻、轉板藻等絲狀藻類或其他著生物，堵塞網目，從而影響水體的交換，不利於錦鯉的飼養，必須設法清除。

目前國內在網箱飼養成魚過程中清洗網衣有以下幾種方法：人工清洗法、機械清洗法、沉箱法和生物清洗法。

6. 預防疾病

網箱飼養錦鯉的密度大，一旦發病就很容易傳播蔓延。做好魚病的預防，是網箱飼養成功的關鍵之一。魚病流行季節要堅持定期進行藥物預防和對食物、食場消毒。如發現死魚和嚴重病魚，要立即撈出，並分析原因，及時採取治療措施。

魚種進箱前要用3％～5％的食鹽水浸泡10～15分鐘。堅持定期投餵藥餌，預防腸道疾病的發生，每萬尾體長6～8公分的錦鯉用90％的晶體敵百蟲50克，混入飼料

中，每15天投餵1次，連續3～5次。

採用漂白粉掛袋可預防細菌性疾病，一般每1個網箱掛袋2～4隻，每袋裝藥100～150克。

第九節　工廠化流水飼養錦鯉

工廠化流水飼養錦鯉目前是一些錦鯉大型生產廠家主要運用的飼養技術。

一、飼養廠房的建造

工廠化流水養魚的廠房主要由高位水塔、流水飼養池（簡稱流水池）、污水沉積處理池、泵房、配電房、飼料房等組成。

1. 高位水塔

高位水塔建造的高度視各流水池的高度而定，其標準是能使水塔中的水自流到每一個流水池。

高位水塔應同時配置加熱和曝氣增氧設施，以便在水溫較低時加熱水源，使流水池中能常年保持較為穩定的水溫，同時保持水溶氧量豐富。

2. 流水飼養池

流水飼養池既可以水平排列，也可以立體形式排列。流水池具體的修建方式，可依據當地的地形及廠房的大小進行設計。

流水池的形狀一般為圓形。流水池的大小沒有一定的

規格，一般每個流水池的面積在5～30公尺^{2}不等，應按具體的情況而定。流水池的深度一般為1.0～1.5公尺。流水池的進、排水系統可依據其建造方式進行設計。

3. 污水沉積處理池

各個流水飼養池中的廢水最後集中到污水沉積處理池中進行淨化處理。污水沉積處理池包括沉積、過濾、淨化三個部分。

4. 泵房、配電房和飼料房

泵房是配備電泵的房間。通過水泵，將污水沉積處理池中經過處理的水送入高位水塔中。配電房是整個工廠的供配電房。飼料房是貯放飼料的房間。

二、魚種放養

1. 放養前的準備

流水池使用前要檢查其是否有缺損，能否保水，進、排水是否順暢。在基本條件具備後，再用漂白粉或生石灰進行消毒，然後放水沖洗乾淨。

2. 魚種放養

（1）對水的要求

水質清新，各項理化指標符合養殖要求。下池前要試水，魚種原先所處的水環境與流水池的溫差不要超過2℃。

（2）魚種質量要求

魚種規格要整齊，體質健壯，沒有病害；下池前，要對魚體進行藥物浸洗消毒（當水溫在 20～24 ℃時，用 10～15 克／公尺^{3}的高錳酸鉀溶液浸洗魚體 15～25 分鐘），殺滅魚體表的細菌和寄生蟲，預防魚種下池後被病害感染；搬運時的操作要輕，避免碰傷魚體。

（3）魚種放養的規格

放養到流水池的錦鯉，以人工飼料為食。因此，要求魚種能夠攝食人工顆粒飼料，規格以 100 克為宜。

3. 苗種放養的密度

流水池水流量充足，溶氧量豐富，放養密度比其他養殖方式大。但放養密度有限度，在這個限度內，放養密度越高，產量越高；超過這個限度，就會產生相反的效果。

流水養魚在保證飼料供應、排汙暢通、管理得力的前提下，水中的溶氧量是影響放養密度的主要因素。因此，放養密度的確定要因地制宜，並考慮放養規格、進水流量（溶解氧含量）、餌料來源等因素。流水池飼養時，錦鯉魚種的放養密度一般為每立方米水體 300～500 尾。

三、飼料與投餵

（一）飼　料

流水飼養時，錦鯉完全靠攝入人工飼料來生長，因此，要求人工飼料營養全面，營養價值高。目前，流水飼養錦鯉所用的飼料基本上是人工配合全價顆粒飼料。

（二）投　餵

1. 投餵原則

流水高密度飼養錦鯉的投餵原則是「四看」和「四定」。「四看」指看天氣，看水色，看季節，看錦鯉的活動情況。「四定」指投餌時要定時、定點、定質、定量。

2. 投餵量的確定

日投餵量主要根據季節、水溫和錦鯉的重量來確定。5～6月份，當水溫在18～23 ℃時，投餵量為錦鯉體重的5%～7%；6～9月份，水溫較高，投餵量為錦鯉體重的8%～12%；水溫超過35 ℃時，停止投餵。每天投餵量還應根據當天的氣候、水質、錦鯉食慾、有無浮頭、有無魚病等情況確定增加或減少。

3. 投餵方法

流水池中設置一定數量的餌料台，飼料投餵到餌料臺上。每天的投餵次數為4～6次，下午的投餵量應多於上午，傍晚的投餵量應最多。投餵應在魚種放養後1～2天才開始，投餵時應減少或停止進水。

在投餵時，應根據不同的流水池採取不同的投餵方法，一般採用手撒的方法。對串聯或並聯的流水池，投餵的地點可選擇在流水池的周邊。對於圓形或橢圓形的流水池，投餵的地點也應選擇在水池的周邊，在投餵時，如果流水池中的水流量較大，則應將進水閥調小，以免將投餵

的飼料沖走。

首先，要馴化魚類浮到水面搶食。具體做法是，先讓魚餓1～2天，然後在固定位置敲擊鐵桶，同時餵食，經過最多1週馴化，魚類就能形成聽到聲響便集群上浮水面搶食的條件反射。因為流水池流速較快，投餵點最好在入水口附近，投餵時要一小把一小把地撒，讓每一粒飼料都被魚吃掉，以免浪費。每次投餵時間為10～20分鐘。每次只讓魚吃到八成飽，讓魚始終保持旺盛的食慾。

其次，不同個體的魚，對餌料營養的要求不一樣。飼養過程中，餌料配方應隨著魚個體的增重而調整。

另外，一定要使顆粒料的粒徑與魚的大小相適應，顆粒料的直徑一般按魚體重量來定：魚體重25～100克，投餵顆粒料直徑為2毫米；魚體重100～250克，投餵顆粒料直徑為4毫米；魚體重250～600克，投餵顆粒料直徑為6毫米；魚體重600克以上，投餵顆粒料直徑為8毫米。

四、日常管理

1. 調節流量

流水池飼養錦鯉要求溶氧量在5毫克／升以上，水交換量為20～30分鐘／次，水流速在0.15～0.2公尺／秒。

2. 觀察魚的動態

觀察錦鯉的活動狀況，注意流水池中水質的變化。發現錦鯉活動異常，應加大水交換量，進行人工排汙和增氧。

3. 定時排汙

排汙是保證池水清新的主要措施。因為流水池飼養錦鯉的密度大，日投飼量也較多，錦鯉排出的糞便、代謝物及殘餌等也相應增多，這些都必須經過排汙系統排出池外。根據錦鯉的密度及汙物的多少，一般每天排汙2～4次，以確保水質清新，保證錦鯉生活在適宜的溶氧環境中。

4. 及時防病

發生魚病時相互傳染快，可在短時間內引起流水池中的暴發性魚病。因此，要特別注意做好魚病的防治工作。

（1）定期消毒

停止進水，用漂白粉消毒，濃度為5～8毫克／公斤，浸泡時間為10～15分鐘，然後開閘進水即可。

（2）定期投餵藥餌

定期投餵藥餌，預防腸道疾病的發生。每萬尾錦鯉用90％的晶體敵百蟲50克，混入飼料中，每7～10天投餵1次，每次連續3天；或每公斤飼料拌和呋喃唑酮2克，連續投餵1週。

第十節　利用地熱水飼養錦鯉

錦鯉適合在22～28℃的水體中生長，這時它食慾旺盛，生長快速，飼料利用率也最高。如果全年使水溫保持在22～28℃，對於縮短飼養週期，加速商品生產，提高經濟效益具有重要意義。加溫方法有兩種：一種是利用地熱

和工廠餘熱,另一種是採用鍋爐加溫。應用地熱或工廠餘熱成本較低。應用地熱水養錦鯉的要點如下:

一、合理建造飼養池

飼養池要求冷、熱水源都具備,熱水水溫低限為33℃,以確保池水水溫保持在22～28℃。要求水質無毒、無污染,pH為7左右。飼養池要背風向陽,環境安靜。

採用水泥砂漿岩石(磚塊)砌築,池底、池壁全部用水泥抹光滑。為防止魚逃逸,池四壁上端向內側伸出10公分防逃反邊。池塘呈長方形,長寬比(3～4):1。稚魚池面積為10～20公尺^2,成魚池面積為80公尺^{2}左右。池底向排水口傾斜,池深1.3公尺。池要能排能灌,池中或一側用磚石堆砌高出水面30～40公分的休息台,占池面積的1/15～1/10。緊挨休息台,可用水泥板設置低於水面10公分的餌料台。池底要墊一層細沙,稚魚池內細沙厚5公分,成魚池內厚10公分。

二、投餵優質配合飼料

飼料是應用地熱水養錦鯉的關鍵,一般可用羅非魚配合飼料,也可用鯉魚或鯽魚配合飼料。投餌堅持「五定」和「四看」,「五定」指定時、定點、定質、定量、定人,「四看」指看天氣、看水色、看季節、看錦鯉的活動情況。每天上午8～9時、下午4～5時投餌。

三、冬季加溫飼養

當10月上旬水溫下降時,要將幼魚從室外轉入室內進

行加溫飼養，放養密度為150～250尾／公尺^3。保溫室可以是塑料大棚，在北方地區以房屋為宜。一般是在池中直接加入溫水，但對水溫較高的熱水源，應先與涼水混合調至適宜溫度後再加入池中，盡可能使池水穩定在22～28℃。由於夜間氣溫低，所以夜間調溫更為重要，加水次數和時間要視天氣和池中水溫靈活掌握。

四、高密度分級飼養

高密度分級飼養，是人工飼養錦鯉促進個體生長、提高群體產量的重要技術措施。4月中下旬，室外水溫達到20～24℃時，選擇晴天，對加溫池飼養的錦鯉挑選分級，向露天池移放。要求同一個池放養規格基本一致。

夏、秋季水溫比較穩定，自然水體水溫很適合錦鯉生長，是整個飼養週期中錦鯉最活躍、攝食最好、生長最快的重要階段。採用高密度飼養，錦鯉的排泄量大，容易破壞水質。為了保持水質清新，魚池要經常注入新水，使透明度在25～30公分。

五、投　餵

利用地熱水飼養錦鯉，投餵是比較重要的一環，要求人工配合全價顆粒飼料營養全面。

1. 投餵量的確定

地熱水的水溫是比較恆定的，因此全年的投餵量基本上是一致的。根據經驗，錦鯉的日投餵量為其體重的10％。

2. 投餵方法

在池塘中設置餌料台，飼料投餵到餌料臺上。每天的投餵次數為3～5次，下午的投餵量應多於上午，傍晚的投餵量應最多，投餵時，多採用手撒的方法。

在飼養過程中，與工廠化流水飼養錦鯉相同，餌料配方應隨著魚個體的增重而調整，並且一定要使顆粒的粒徑與魚的大小相適應，即：魚體重25～100克，粒徑為2毫米；魚體重100～250克，粒徑為4毫米；魚體重250～600克，粒徑為6毫米；魚體重600克以上，粒徑為8毫米。

六、疾病防治

疾病防治同常規養殖池塘的魚病防治是一樣的，要預防重於治療。

第十一節　稻田飼養錦鯉

一、對養魚稻田的要求

一般來說，水源充足、雨季水多不漫田、旱季水少不乾涸、排灌方便、無有毒污水和低溫冷浸水流入、水質適當、土質肥沃、保水力強的稻田都可以用來養魚。

1. 田埂、排水溝

在4月間整田時，必須將田埂加高至40～50公分，加寬到30公分，並打緊夯實，保證田埂不漏水，以防止魚逃

跑。在養魚稻田的田角邊必須挖好排水溝，以便洪水來時能及時排水。

2. 魚溝、魚溜

為了保證魚在曬田、打農藥和施化肥期間的安全生長，給魚一個「避難」場所，養魚稻田必須開挖魚溝和魚溜，且溝、溜應相通。

早稻田一般在秧苗返青後，在田的四周開挖，叫環溝或圍溝。晚稻田一般在插秧前挖好，可以依實際情況在田中間挖「十」字溝或「田」「井」字溝，但不如挖環溝方便。如既有環溝又有「十」字溝，則要溝溝相通。

魚溜的位置可以挖在田角上，最好把進水口也設在魚溜處。整塊田不能因為挖魚溝、魚溜而減少栽秧苗的株數，應做到秧苗減行不減株。

3. 攔魚柵

攔魚柵是用竹、木或網製作的攔魚設備，安設在稻田的進、出水口處或田埂中，以防魚外逃。

二、稻田飼養錦鯉技術

單養錦鯉時，每畝放養8公分左右的錦鯉種200～300尾。混養錦鯉時，一般每畝放養10公分的錦鯉種100～200尾，還可以搭養10～15尾鰱、鱅的夏花魚種。

稻田養錦鯉是以種稻為主、養魚為輔的生產活動，管理得好，可以魚稻雙豐產。主要應注意以下幾點：

1. 管 水

水的管理，是稻田養魚過程中的重要一環，應以稻為主。在插秧後20天內，水深在3.5公分左右，讓秧苗在淺水分蘗。這時由於魚種放養時間不長、個體不大，水較淺對其影響不大。20天以後，秧苗分蘗基本結束，魚也漸漸長大，這時，可以加深稻田水至5～7公分，隨著禾苗的生長，可以加深到10公分，這對控制秧苗無效分蘗和魚的成長都有好處。

對於晚稻田，因插晚稻時氣溫高，必須加深田水，以免秧苗被曬死，這對魚、稻都是有利的。

2. 轉 田

雙季稻稻田中魚的轉田工作，也是稻田養魚工作的重要一環。早稻收割到晚稻插秧期間有犁田、耙田的農活要做，往往會造成一部分魚死亡，為了避免這種損失，必須做好轉田工作。

轉田時應發揮魚溝、魚溜的作用。就是在收割早稻前緩慢放水，讓魚沿著魚溝遊到魚溜裏。或者把稻穀帶水割完，打水穀，然後將魚由魚溝集中到魚溜中，用泥土暫時加高魚溜四周，引入新鮮清水，使魚溜變成一個暫養流水池，待犁、耙田結束，再把魚放入整個田中，然後插晚秧，這種方式有時會造成部分魚死亡。

利用魚溝、魚溜，把魚從早稻田轉入小池塘中暫養，待插完晚秧後，再把魚放回稻田，採用這種方法死魚很少。

3. 施肥

養魚稻田施肥，以農家肥為宜。對施基肥和農家肥，養魚稻田並無特殊要求。如果施用尿素、碳銨作追肥，應本著少量多次的原則，每次施半塊田，並注意不要將化肥直接撒在魚溝和魚溜內。

4. 施藥

稻田施藥，只要處理得當，也不會對魚產生影響。防治水稻病蟲害，要選用高效低毒農藥。使用農藥抗生素防治水稻病害對魚十分安全，必須用其他農藥時，應儘量避免使用高毒性的。

為了確保魚的安全，在養魚稻田中施用各種農藥防治病蟲害時，均應事先加灌4～6公分深的水。同時，在噴灑藥液（粉）時，注意儘量噴灑在水稻莖葉上，減少藥物落入稻田水體中。

5. 曬田

水稻在生長發育過程中的需水情況是變化的，特別是在採用曬田的方法來抑制無效分蘗時。曬田前，要清理魚溝、魚溜，嚴防魚溝阻隔與淤塞。曬田時，魚溝內水深保持在13～17公分。曬好田後，要及時恢復原水位。盡可能不要曬得太久，以免魚缺食太久影響其生長。

6. 施餌

在稻田中飼養錦鯉，一般不需要多投餌。如果稻田太

瘦，水體中的活餌料太少，尤其是動物性餌料不足以滿足錦鯉的生長發育時，就需要另外投放小泥鰍、小麥穗魚等活餌料，也可定期、定時投放配製好的配合飼料。

7. 其他管理

與常規飼養錦鯉方法相同。

第六章 各階段錦鯉的飼養

第一節 錦鯉夏花的飼養

一、魚苗的發育

剛孵出的錦鯉苗的營養全靠卵黃囊提供。卵黃囊逐漸被錦鯉苗吸收而縮小，2～3天後消失。這時，可在晴天將產卵巢取出。如果是梅雨季節產的卵，產卵巢取出時間可適當延長。

二、魚池的選擇

要求魚池的水源充足，水質清新，注、排水方便；池形整齊，面積以0.5～1畝為宜，水深保持在40～80公分，前期淺，後期深；池底平坦，淤泥深10公分左右，池底、池邊無雜草。在出水口處設一個長方形集魚涵以利於魚苗集中捕撈；池壁牢固，不漏水；周圍環境良好，向陽，光照充足；池塘水質渾濁度小，pH7～8，溶氧量在5毫克／升以上，透明度為30～40公分；認真做好魚苗培育池的清理與消毒工作；要求進、排水系統齊全，形狀以東西長於南北的長方形為好。

三、清　池

　　放養魚苗前對水泥池和土池都需進行清塘處理。目的是殺滅潛伏的細菌性病原體、寄生蟲，對魚不利的水生植物（青泥苔、水草）及水生昆蟲和蝌蚪等敵害生物，減少魚苗病蟲害發生和敵害生物的傷害。

1. 水泥池清池

　　先注入少量水，用毛刷帶水洗刷全池各處，再用清水沖洗乾淨後，注入新水，用10毫克／升漂白粉溶液或10毫克／升高錳酸鉀溶液潑灑全池，浸泡5～7天後即可放魚。新建的水泥池必須先用硫代硫酸鈉進行「脫鹼」，並經試水確認無毒後才能放養魚苗（圖128）。

圖128　水泥池培育錦鯉苗種

2. 土池清塘

清塘在放養前7～10天進行。按60～75公斤／畝將生石灰分放入小坑中，注水溶化成石灰漿水，將其均勻潑灑全池，再將石灰漿水與泥漿混合攪勻，以增強效果，次日注入新水，7～10天後即可放養。

用生石灰清塘，可清除病原菌和敵害，減少疾病，還有澄清池水、改善池底通氣條件、穩定水中酸鹼度和改良土壤的作用。

用生石灰、漂白粉交替清塘（每畝用生石灰75公斤，漂白粉6～7公斤）比單獨使用生石灰或漂白粉清塘效果好。

錦鯉苗放養前一天，同樣要用夏花漁網拉網1～2次，除掉池中的蛙和蛙卵、水生昆蟲等錦鯉苗的敵害。

四、土池施肥

在子魚下塘前5～7天即注入新水，注水深度為40～50公分。注水時應在進水口用60～80目絹網過濾，嚴防野雜魚、小蝦、蛙卵和有害水生昆蟲進入。

施基肥的目的是使子魚下塘後能吃到豐富的適口餌料——輪蟲等浮游生物。

基肥為腐熟的雞糞、鴨糞、豬糞和牛糞等，施肥量為每畝150～200公斤。

施肥後3～4天即出現輪蟲繁殖的高峰期，並可持續3～5天。以後視水質肥瘦、魚苗生長狀況和天氣情況適量施追肥。

五、錦鯉苗的餵養

錦鯉苗孵化出來2～3天後卵黃囊消失，即可開始餵食，這時可餵一些煮熟的蛋黃。每天上午9時和10時各餵1次。開始錦鯉苗食量很小，投餵方法是將煮熟的蛋黃用紗布包好，輕輕揉擠弄碎，再將紗布包著蛋黃在水面輕輕擺動，邊擺邊移動位置，使蛋黃的細小顆粒呈雲霧狀均勻地懸浮在錦鯉苗池的水中，一個蛋黃可餵4～5缸錦鯉苗。

也有採取餵蛋黃水方法的，即將50克熟蛋黃調5公斤自來水，用紗布過濾後的蛋黃水可餵20萬尾錦鯉苗。

值得注意的是，蛋黃水投餵過多會影響水質。錦鯉苗餵蛋黃後生長很快，約10天後，就可吞食小水蚤了。此時即可停止餵蛋黃，改餵活的水蚤或輪蟲。

六、魚苗放養密度

錦鯉夏花培育要求較高的技術水準及嚴格的管理措施，其生產指標為：成活率在80%～95%，魚體健壯，無病害，規格整齊。

錦鯉放養密度以每畝2.5萬～3萬尾為宜，不宜搭配其他魚類，一般以單養為好。

七、池塘培育魚苗的方式

1. 豆漿培育法

在水溫25℃左右時，將黃豆浸泡5～7小時（黃豆的2片子葉中間微凹時出漿率最高），然後磨成漿。一般每1.5

公斤黃豆可磨成25公斤的豆漿。

豆漿磨好後應立即濾出渣，及時潑灑。不可擱置太久，以防產生沉澱，影響效果。

豆漿可以直接被魚苗攝食，但其大部分沉於池底作為肥料培養浮游生物。因此，豆漿最好採取少量多次均勻潑灑的方法，潑灑時要求池面每個角落都要潑到，以保證魚苗吃食均勻。

一般每天潑灑2～3次，每次每畝用黃豆3～4公斤，5天後增至5公斤。

豆漿培育魚苗方法簡單，水質肥而穩定，夏花體質強壯，但消耗黃豆較多。一般育成體長30毫米左右的1萬尾夏花，需消耗黃豆7～8公斤。

2. 大草培育法

在魚苗放養前5～10天，將紮成束的大草按每畝200～250公斤分堆堆放在池邊向陽淺水灘處，使其淹沒於水中，任其腐爛，每隔3～4天堆放1次。對堆放的大草應每隔1～2天翻動1次，促其肥分擴散。1週後逐漸將不易腐爛的枝葉撈出，浮游生物在施入大草後繁殖很快，魚苗生長也較快。

一般每畝池塘在魚苗培育期間約需用大草1 300公斤。培育後期若發現魚苗生長減慢，可增投商品餌料，每畝每天投餵1.5～2.5公斤。

3. 糞肥培育法

利用各種糞肥培育魚苗時，最好預先經過發酵，濾去渣

滓。這樣既可以使肥效快速、穩定，又能減少疾病的發生。

魚苗下塘後應每天施肥1次，每畝50～100公斤，將糞肥兌水向池中均勻潑灑。培育期間施肥量和間隔時間必須視水質、天氣和魚苗浮頭情況靈活掌握。水質以「肥、活、嫩、爽」為宜。

「肥」指池中物質循環快，水中浮游生物數量多，天然餌料豐富；「活」指水質經常有變化，一天內亦有變化，上午水色較淡，下午水色較濃；「嫩、爽」指池水肥度適宜，清澈而不污濁。

從水色可判斷水質的好壞，水色以褐綠和油綠為好，如水色過濃或魚苗浮頭時間長，則應適當減少施肥，並及時注水。水質變黑或天氣變化不正常時應特別注意，除及時注水外還應注意觀察，防止泛池事故發生。

4. 有機肥料和豆漿混合培育法

這是一種糞肥或大草和豆漿相結合的混合培育方法。此法已在我國各地普遍採用。其技術關鍵是：

（1）施足基肥

魚苗下塘前5～7天，每畝施有機肥250～300公斤，培育浮游生物。

（2）潑灑豆漿

魚苗下塘後每天每畝潑灑2～3公斤豆漿，下塘10天後魚體長大需增投豆餅糊或其他精飼料，豆漿的潑灑量亦需相應增加。

（3）適時追肥

一般每3～5天追施有機肥160～180公斤。

此種方法集國內諸法的優點，既為魚苗提供適口的天然餌料，又輔助投餵人工飼料，使魚苗一直處於快速生長狀態。在飼肥利用上亦比較合理與適量，方法靈活，成本適當，因而被各地普遍使用。

八、日常管理

1. 遮陰

根據錦鯉魚苗有顯著的畏光性和集群性的生物學特性，池塘水質需有一定的肥度，透明度不宜過大，否則應在池塘深水處設置面積為5～10公尺^{2}的遮蓋物（遮陽布、竹席、蘆葦、石棉瓦等）。

2. 分期注水

魚苗下塘時控制池水深度為50～60公分，經過1週的養殖後，每隔3～5天加水1次，每次10～15公分，加水時注意注水口應用密佈網過濾，嚴防野雜魚進入。

一般魚苗培育期間加水3～5次，待夏花出塘時池塘水深應保持在1.0～1.2公尺。

3. 巡塘管理

每天巡塘時，要注意魚苗的攝食與分佈狀況。魚苗白天一般不作遠距離游動，喜群集於池壁凹陷處或躲在池底石塊、池邊的陸草等背陰處，悠閒地搖動著尾巴。夜晚則分散於整個水體四處游動，每天清晨與黃昏是它們活動的高峰期。錦鯉苗種池的溶氧量一般應維持在5毫克／升以

上，否則易發生浮頭、泛池事故。

4. 施肥

魚苗培育池的施肥應遵循「基肥要充足，追肥要及時」的原則。魚苗下塘後應密切注意池塘水質狀況，及時少量勤施追肥，保持池中有一定量的天然餌料供魚苗攝食。一般每天每畝施50～100公斤豬糞或人糞，以維持水的肥度。

5. 投餌

（1）定 時

精飼料要求在上午8～10時、下午2～4時投餵。

（2）定 位

為了減少飼料在潑灑時沉落池底造成浪費，魚種培育池中一定要搭食台，每3000尾魚種設1公尺^{2}食台，精飼料應投放在食臺上。

（3）定 質

精飼料不得黴爛變質，加工時應磨細，最好根據魚體需要配製成顆粒飼料或全價飼料。

（4）定 量

精飼料每次投餵後以1～2小時吃完為宜。總之，投餌應在量的方面做到適量、均勻。但在陰雨天、天氣突變時以及魚生病時要酌情減少。

6. 防病

魚病防治工作在當前養魚生產中已越來越重要，不少

地區魚病蔓延嚴重。抓好魚病防治工作必須從做好「三消」防病措施開始，即：池塘消毒，減少錦鯉生活空間內的病原菌數量和種類；工具及食物消毒，減少外來病原菌侵入錦鯉生存空間的機會；魚體消毒，減少錦鯉身體上附著的病原菌數量。

九、夏花分塘

魚苗經過20～25天的培育，長到3公分左右時，需要進行苗種分池，以便繼續培育大規格魚種或直接進行成魚養殖。

一般先用拉網多拉幾次，盡可能地用網起捕，以減少對魚苗魚種的傷害。接著採用乾池捕捉進行分塘，方法是將池水排乾，只保留出水口池底處10～15公分深的水位，便於魚苗集中在一起，再用抄網將魚苗撈起來。

出塘的魚苗直接進入網箱或流水池中暫養幾個小時，目的是增強幼魚體質，提高出池和運輸的成活率。拉網牽捕要在魚不浮頭時進行，一般以晴天上午9點鐘以後、下午2點鐘以前為好。起網時帶水將魚趕入網箱內，清除黏液、雜物，等魚種適應後就過數分養。

第二節　錦鯉大規格魚種的飼養

一、魚種池的選擇

魚種池的面積以1～5畝為宜，水深保持在100～150公分，其他條件和錦鯉苗種池相同。

二、施　肥

為了提高池塘的肥力，促進浮游生物的繁殖，加快錦鯉的生長發育，就需要科學施肥，主要是施追肥。

施肥量根據天氣、水溫、水色、浮游生物生長量和魚苗生長情況而定。

池水顏色以菜綠色為好，水面清淨無雜物。施肥量為每立方公尺水中施 500 克。如果遇到長期陰雨天氣，池中有機肥料分解慢，浮游生物不夠豐富，可以補施化肥。每平方公尺水面投放硫酸銨或尿素 75～150 克，過磷酸鈣 35～75 克，以提高池水的肥力。

三、放養密度

每畝水面放養 1 萬尾。

四、投　餵

（1）定　時

精飼料要求在上午 8 時、下午 3 時投餵。定時的目的是為了使魚合理利用飼料，達到最佳的利用效果。

（2）定　位

為了減少飼料在潑灑時沉落池底造成的浪費，大魚種培育池中一定要搭食台，每 3000 尾魚種設 1 公尺^{2}食台，精飼料應投放在食臺上。

食台應定期清洗和消毒。

（3）定　質

精飼料加工時應磨細，最好根據魚的生長需要配製成

顆粒飼料或全價飼料，不得黴爛變質。

（4）定 量

不論投餵哪種飼料，都應按魚攝食的需要和攝食強度合理定量，不能過多或過少。精飼料每次投餵後以1～2小時吃完為宜。但在陰雨天及天氣異常或魚病多發季節要酌情減少。

五、養成標準

養成規格為體長10～13.2公分。大錦鯉種的成活率在80%以上。

第三節　錦鯉親魚的飼養

一、親魚池的選擇

親魚池以面積在0.5～1畝、水深保持在1.5～2公尺為宜。

二、放養的密度

每畝親鯉總體重以不超過100公斤為宜，不宜過多。

三、雌雄專塘分養

雌鯉、雄鯉可按大小不同分塘飼養。

四、親魚的挑選

首先，要挑選體格健壯、鱗片完全、鰭條完整無缺、

沒有病狀的親鯉。

　其次，要挑選品種特徵顯著的錦鯉親魚。如荷包紅鯉、團鯉要挑選短體形、顏色鮮豔的親魚，鏡鯉則要挑選大鱗片排列整齊的個體。

第七章 錦鯉的繁殖技術

第一節 錦鯉繁殖設施的準備

一、產卵池的準備

繁殖前，最好將雌、雄魚分開飼養，繁殖時再放回產卵池中。

一般都採用小型水泥池作為產卵池，大小為長5公尺、寬4公尺、深0.8公尺，水深0.4～0.5公尺。池的面積為20公尺²左右便可，通常每平方米放養待產的親魚1對。注意池塘消毒和事先做好魚巢放入池中。

二、魚巢的準備

錦鯉卵屬黏性卵，受精卵黏附於水草等附著物上發育，因此，在產卵前，要在產卵池（缸）內加入用水草等做成的魚巢，使錦鯉卵受精後可以黏附在水草上，便於以後孵化。

1. 魚巢的種類

魚巢的種類很多，選擇的原則是：魚巢最好能漂浮在

水中，散開後面積要大，便於魚卵黏附；魚巢質地要柔軟，親魚在其中追逐時不會傷及魚體；此外，要求魚巢不易腐爛，不影響到水質變化，有利於受精卵孵化成魚苗。一般可採用金魚藻、菹草、鳳眼蓮、水浮蓮、輪葉黑藻、楊柳鬚根、棕絲等製成魚巢。

2. 魚巢的處理

製作魚巢的水生植物均來自天然水體中，常會帶來野雜魚的卵、魚苗的敵害和病菌等，因此，必須在用前半個月左右撈回來，經過處理，除去枯枝爛葉，清洗乾淨，用藥物消毒，然後用清水沖洗除去藥液後方能使用。

處理魚巢常用的藥物及方法有：

用2%的食鹽水浸泡20～40分鐘，可殺死附在水草上的病菌和寄生蟲，也可使水蟎從水草上脫落，對水草無害；用1×10^{-6}毫克／升的高錳酸鉀溶液浸泡1小時左右，再用清水沖洗乾淨；用20×10^{-6}毫克／升的呋喃西林藥液浸泡1小時左右，殺菌能力很強；用8×10^{-6}毫克／升的硫酸銅溶液浸泡1小時左右，可殺死水蟎和病菌。

對於楊柳鬚根和棕皮、棕絲，可經過消毒後，紮成小捆，再用繩繫於產卵池中。

第二節　錦鯉親魚的準備

一、雌雄鑑別

從體形看，身體短粗而豐滿、腹部肥大者為雌魚，越

接近臨產時腹部膨大越明顯，尤其是到了4月中下旬，雌魚的腹部特別脹大。體形瘦長者為雄魚。

從生殖孔看，雌魚生殖孔寬而扁平，稍有外突，用手輕壓腹部有卵粒排出；雄魚生殖孔小，內凹，輕壓成熟的雄魚腹部便有白色精液流出。

從胸鰭看，雄魚的胸鰭粗壯而強硬，胸鰭端部略小而稍圓；雌魚的胸鰭端部呈圓形，較大。

此外，在性成熟階段，可從胸鰭邊緣鰭條上有無「追星」來檢查，用手撫摸鰭條，有粗糙的角質狀突起者為雄魚，光滑者則為雌魚。

從頭部看，雌魚的頭部稍窄而較長；雄魚頭部寬而短，額部稍突起。

從產卵動作看，雌魚在產卵期間不停地游動，引誘雄魚追尾。

二、親魚的選擇

錦鯉繁殖，要有目的地選擇親魚。錦鯉主要觀賞背面，所以最好選擇上下較扁、剖面是扁橢圓形、整體呈紡錘形的，而色彩則根據培育目的來選擇相應體色的親魚。

例如，要培養紅白錦鯉，就應從紅白錦鯉品系中選擇健康的雌、雄魚作親魚。

如果在培養繁殖用錦鯉時，將不同品系親魚放在一口大魚塘中任其自然繁殖，顯然不能獲得滿意的結果。

當然，用來繁殖的親魚必須具備以下條件：品系純正；體質健壯，無病無傷殘，各鰭完整無缺陷；色澤豔麗、晶瑩，色斑邊際清晰鮮明，無虛邊，無疵斑；鱗片光

滑整齊；遊姿穩健；等等。

　　繁殖用親魚可按一雌二雄或二雌三雄的比例，這樣可以保證精子數量充足，以提高受精率。雖然一齡錦鯉已成熟，但為了保證質量，雄魚最好選3～5齡的親魚，雌魚一般要在4～10齡。

　　這樣的親魚，體質健壯，生殖腺飽滿，卵子和精子的活力強，受精率和孵化率都很高，用作親魚最理想。若親魚的年齡太大，其受精卵的孵化率會降低。

第三節　錦鯉的人工繁殖

一、錦鯉的人工授精

　　在做人工授精時，要將親魚魚體抱在手中，用左手握住魚的尾柄，右手握住魚的頭下背脊處，腹部朝上成45°，輕輕擦乾體表，然後輕壓雌魚腹部，使卵子流入乾燥的白色臉盆中，同時將雄魚的精液擠於其上，用消毒過的羽毛輕輕攪拌，使之受精，2～3分鐘後，將受精卵均勻地倒入預先置於淺水臉盆內的魚巢上，靜置十幾分鐘，待受精卵黏固後，用清水洗去精液，即可進行孵化。

二、孵　化

　　孵化時的水深一般為40公分，孵化池以3公尺×3公尺的水泥池為宜，水質與水溫要求與產卵時用水相同。

　　錦鯉的受精卵吸水後，具有黏性，會黏附於魚巢上孵化。待親魚產完卵後，將附有受精卵的魚巢取出，用

5%～7%的食鹽水浸泡5分鐘消毒，然後移出親魚，在產卵池內進行孵化，或採用孵化池孵化。孵化時間的長短與水溫直接相關，在適宜水溫範圍內隨水溫的升高而縮短，在水溫18℃左右時孵化時間為4～5天，在20～22℃時為3～4天，在25℃時約為3天。

三、產後親魚的管理

親魚產卵結束後，應及時將雌、雄親魚分別移入與原池水溫度相同的「老水」飼養池中精心飼養，尤其是品種珍貴的親魚，產卵後切勿混養，因為在親魚產卵過程中常有追逐行為，以致造成體表如黏膜、皮膚和鱗片等損傷；且剛產完卵的親魚體質也較虛弱，在移出產卵池或以後清汙、換水時，最好連水帶魚一起取出，以保證魚體不受傷害，如發現受傷親魚，要及時用消炎藥物塗抹傷口。

餵養時，也要仔細、小心，並要觀察其活動和食慾情況。開始時餵少許適口性好的餌料，待親魚體質恢復正常後，再按標準投餵和實行正常管理。

第八章　錦鯉的疾病與防治

防治錦鯉疾病要依據「預防為主、防重於治、全面預防、積極治療」的原則，控制魚病的發生和蔓延。

第一節　錦鯉疾病發生的原因

一、環境因素

影響錦鯉健康的環境因素主要有水溫、水質等。

1. 水溫

錦鯉體溫隨外界環境尤其是水體的溫度變化而發生改變。如果在換水時溫差高於 3 ℃（苗種階段的溫差高於 2 ℃），會因溫差過大而導致錦鯉「感冒」，甚至大批死亡。

2. 水質

在適宜的水質中，錦鯉生長發育良好。一旦水質環境不良，就可能導致錦鯉生病或死亡。在影響水質的因素中，最主要的是溶氧量和酸鹼度。

（1）溶氧量

溶氧量低，錦鯉會因窒息而死亡。

（2）酸鹼度

酸鹼度以 pH 在 7.5～8.0 為宜。如果 pH 在 5～6.5，錦鯉易患打粉病。

二、生物因素

1. 病原體

導致錦鯉生病的病原體有真菌、細菌、病毒、原生動物等，這些病原體是影響錦鯉健康的罪魁禍首。

在魚體中，病原體數量越多，魚病的症狀就越明顯，嚴重時可直接導致魚大量死亡。

2. 藻類

一些藻類如卵甲藻、水網藻等對錦鯉有直接影響。水網藻常常纏繞錦鯉幼魚並導致其死亡，而嗜酸卵甲藻則能使錦鯉發生打粉病。

三、自身因素

魚體自身因素的好壞與魚抵禦外來病原菌能力的強弱有密切聯繫，一尾健康的魚能有效地預防部分魚病的發生。自身因素與魚體的生理因素及魚類免疫能力有關。

四、人為因素

1. 操作不慎

在飼養過程中，經常要給養魚池或水族箱換水、兌水、分箱、清洗和撈魚，有時會因操作不當，使魚蹦到地上或器具碰傷魚體，造成鰭條開裂、鱗片脫落等機械損傷。這樣很容易使病菌從傷口侵入，使魚體感染患病。例如爛鰓病、水黴病就是由此途徑感染的。

2. 外部帶入病原體

從自然界中撈取活餌、採集水草和購魚、投餵時，由於消毒、清潔工作不徹底，可能帶入病原體。

另外，接觸過病魚的工具未經消毒又用於無病魚，或者新購入魚未經隔離觀察就放入原來的魚群等都能造成重複感染或交叉感染。

例如，小瓜蟲病、爛鰓病等都是這樣感染造成的。

3. 飼餵不當

錦鯉基本上靠人工投餵飼養，如果投餵不當，或饑或飽；長期投餵乾餌料；餌料品種單一、營養成分不足，缺乏動物性餌料和合理的蛋白質、維生素、微量元素等，錦鯉就會缺乏營養，體質衰弱，就容易感染疾病。當然投餌過多，還易引起水質腐敗，促使細菌繁衍。另外，投餵的餌料變質、腐敗，也會直接導致錦鯉生病。

4. 環境調控不力

錦鯉對水體的理化性質有一定的適應範圍。如果單位水體內載魚量太多，會導致生存的生態環境很惡劣，加上不及時換水，魚的排泄物、分泌物過多，二氧化碳、氨氮增多，微生物滋生，藍綠藻類等浮游植物生長過多，都可使水質惡化，溶氧量降低，使魚發病。在換水時水溫突然變動（溫差超過3℃），水溫超過錦鯉的適應範圍，以及水溫短時間內多變，或長時期水溫偏低，都會使魚發病。

第二節　錦鯉疾病的預防措施

由於錦鯉生活在水中，它們的身體變化人們不易察覺，一旦生病，及時正確地診斷和治療有一定的困難。當魚病嚴重時，通常失去了食慾，無法由內服藥物治療；外用藥常常受到藥液濃度和藥浴時間的限制；另外，有些魚病在目前還沒有十分有效的治療方法。因此，在錦鯉的飼養過程中，做到「無病先防、有病早治、防重於治」，才能防止或減少錦鯉因病致死所造成的損失。

一、容器的浸泡和消毒

對剛買回來的水族箱或剛做好的水泥池，使用前一定要認真洗淨，還須盛滿清水浸泡數天到一週，進行「退火」或「去鹼」；對公園池或土池要定期用生石灰消毒。

對於水泥池的去鹼，除了用醋酸中和法外，還可以用下面的兩種方法：

（1）按50公斤水溶解12克磷酸的比例配製磷酸溶液，用這樣的水浸洗新池1～2天，可達到去鹼的目的。接著再用鹽水或高錳酸鉀溶液沖洗並注滿自來水浸泡1週左右（促使其儘早產生青苔），換入新水和少量老水，先放幾尾次等魚試養無妨後，再放錦鯉就安全了。

（2）用明礬溶於池水中（其濃度須達明礬的飽和濃度），經2～3天後即可達到去鹼目的，再換入新水，便可使用了。

對長期不用的容器，在使用前均應用鹽水或高錳酸鉀溶液消毒浸洗。

二、加強飼養管理

1. 做好「四定一訓練」

（1）定 質

飼料新鮮清潔，不餵腐爛變質的飼料。

（2）定 量

根據不同季節、氣候變化、魚體大小、食慾反應和水質情況適量投餌，掌握「寧少勿多」的原則。

（3）定 時

投飼要有一定時間，一般在上午7～10時，但夏季可適當提早，冬季可適當推遲。注意中午少投食，傍晚忌投食。

（4）定 點

這是針對室外養殖池而言的，設固定餌料台，不但可以觀察錦鯉吃食的姿態，還可以及時查看錦鯉的攝食能力

及有無病症，同時也方便對餌料台進行定期消毒。

（5）訓　練

每天投飼時，可採用輕輕拍打水面或發出聲響的方式誘魚來食，經過較長時間的訓練後，就能及時發現不來搶食的病態魚。

2. 保持水質清潔

每天吸除容器底部的魚糞和殘飼、沉積物等，一方面可減少魚糞和汙物在水中腐敗分解釋放有害氣體（如二氧化碳和硫化氫等），防止池中的水質酸性過大，也可防止某些寄生蟲和細菌危害錦鯉。另一方面，吸去了陳水，加入部分新水，可刺激錦鯉更好地生長發育，並創造優良的生活環境。對於室外養殖池，雨後換水工作很重要，一定要做。

另外，對撈回來的紅蟲等天然餌料要認真漂洗後再投餵，這也是預防魚病和保持水質清潔的重要環節之一。

3. 細心操作，加強觀察

不論是換水還是捕撈魚兒，動作都要小心輕柔，暫養在網箱或盆內的錦鯉不要過分擁擠，以免擦傷魚體和造成缺氧，要盡可能減少細菌及寄生蟲乘虛侵入的機會，從而降低魚病的發生率。

三、做好藥物預防

1. 魚體消毒

在魚病流行季節裏，每次在容器徹底換水時進行魚體

消毒，用藥品種及濃度可以適當調整。第一次可用 1×10^{-6} 毫克／升的高錳酸鉀溶液，隔10天可用2%～3%的食鹽水，再隔10天可用（2～3）$\times 10^{-6}$ 毫克／升的呋喃西林藥液，進行循環輪換浸洗錦鯉，洗浴時間視魚體大小、健康狀況靈活增減，一般不超過10分鐘，這樣可殺死魚體上的細菌及寄生蟲，收到較好的預防效果。

2. 工具消毒

紅蟲兜子、撈網、面盆、勺子等日常用具，應經常曝曬和定期用高錳酸鉀、敵百蟲溶液或濃鹽開水浸泡消毒。尤其是接觸過病魚的用具，更要隔離消毒和專用。

總之，錦鯉的疾病防治和人的疾病防治一樣，應貫徹「防重於治」的原則。做到勤觀察，細檢查，早發現，早治療。

第三節　錦鯉疾病的治療原則

錦鯉疾病的生態預防是「治本」，而積極、正確、科學利用藥物治療則是「治標」，本著「標本兼治」的原則，對錦鯉疾病進行有效治療，是抑制或延緩魚病的蔓延、減少損失的必要措施。

一、總體治療原則

「隨時檢測、及早發現、科學診斷、正確用藥、積極治療、標本兼治」是錦鯉疾病治療的總體原則。

二、具體治療原則

1. 先水後魚

「治病先治鰓，治鰓先治水」，對錦鯉而言，鰓比心臟更重要，各種鰓病是引起錦鯉死亡的最重要病害之一。鰓不僅是氧氣和二氧化碳進行氣體交換的重要場所，也是鈣、鉀、鈉等離子及氨、尿素交換的場所。因此，只有儘快地治療鰓病，改善其呼吸代謝機能，才有利於防病治病。

而水環境中的氨、亞硝酸鹽及水體過酸或過鹼的變化都直接影響鰓組織，並影響呼吸和代謝，因此，必須先控制生態環境，加速水體的代謝。

2. 先外後內

先治理體外環境，包括水體與沙質、體表，然後才是體內即內臟疾病的治療，也就是「先治表後治裏」。先治療各種體表疾病，這些也是相對容易治療的疾病，然後再通過注射、投餵藥餌等方法來治療內臟器官疾病。

3. 先蟲後菌

寄生蟲尤其是大型寄生蟲對魚類體表具有巨大的破壞能力，而傷口正是細菌入侵感染的途徑，並由此產生各種併發症，所以防治病蟲害就成為魚病防治的第一步。

第四節　錦鯉疾病的早期症狀

平日應多注意觀察魚池的狀況或錦鯉的行動，大部分疾病在其早期都會表現出一些異常狀態，主要有：

1. 魚體表面的變化

大部分疾病都會在魚體表面顯出症狀，每天注意觀察就不難發現，如有異常應即刻加以詳細檢查。最常見為錨頭魚蚤、鯴寄生於鰭條上，特別是胸鰭，肉眼可見。另外注意魚體是否充血，光澤是否消退，魚體表面是否覆有白膜等。（圖129、圖130）

2. 離　群

健康的錦鯉會群遊在一起，如離群獨處表示有病，常游動緩慢，甚至無力控制進退。魚體寄生錨頭魚蚤或鯴時，常會縮聚於魚池一角。

圖129　魚體發白、變形

圖130　魚體瘦弱、蛀鰭

3. 展開胸鰭靜止在池底

正常時錦鯉睡眠會合起胸鰭靜止於池底。如生病則展開胸鰭，稍彎曲身體無力地斜臥，如受驚嚇則游動，但一會兒又沉臥於池底，常將身體臥在凹凸不平的地方或將身體擱在斜面上。

4. 呼吸急促

健康的錦鯉呼吸較平靜，生病時轉為急促。常浮在水面呼吸或屢次浮在水面呈深呼吸狀者表示不正常。如張大嘴呈痛苦狀呼吸，則表示病得嚴重。如張大嘴在水面呼吸且到處亂闖時，須嚴加注意。

5. 無食慾，糞便異常

錦鯉攝食受水溫、饑餓程度和環境等影響。如不攝食，雖不一定表示有病，但必須注意是否由疾病引起。

如發現錦鯉的糞便浮於水面等異常情況時，須注意其消化系統是否出現問題。如吃得過飽，錦鯉會吐出嚼碎的食物。

6. 魚鰓腐爛

魚兒外表常無症狀，但掀開其鰓蓋發現魚鰓變白或變黑，甚至捲曲或缺損，即為鰓腐爛病。發現魚兒不活潑時應檢查其鰓部。（圖131）

圖131　鰓絲暗紅

第五節　治療魚病的主要方法

1. 浸洗和全水體施藥

這是目前治療魚病最常見的治療方法，可驅除魚體表寄生蟲及治療細菌性的外部疾病，也可由鰓或皮膚組織的吸收作用治療細菌性內部疾病。

（1）浸洗是將病魚放入藥液中浸浴一定的時間，而

後撈出，放回水中。浸洗時間的長短，主要根據水溫高低和魚體耐藥程度而定。寄生蟲病一般浸洗1～2小時即可奏效；傳染性魚病需浸洗多次才能痊癒，重複浸洗要間隔一兩天。

（2）全水體施藥是指在容器中施藥，又叫藥浴治療法。這一做法的目的是殺滅魚體上、水草上和水體中的病原體，從而使病魚痊癒。方法是採用低濃度的、對魚體既安全又有明顯療效的藥物，均勻地灑於水體中，要計算好用藥量，如發現任何不良反應，都要停止治療。

2. 內服藥餌

此法是將藥物拌入病魚的餌料中投餵，主要防治營養失調、細菌性疾病和內臟器官的病變及體內寄生蟲病。常用藥品為營養素、呋喃類藥物、磺胺類藥物和抗生素等。可將藥劑溶於水，使之滲透到顆粒飼料中或與飼料混合揉捏後餵給病魚。

3. 注射法

通常採用腹腔、胸腔和肌肉注射，主要治療一些傳染性疾病。此法非常適用於大型錦鯉，有利於魚體更為有效、直接地吸收藥物。

4. 局部處理

局部處理也叫手術法。根據需要，採用人工手術的方法，如摘除寄生蟲，對外傷和局部炎症塗藥等，達到治癒魚病的目的。例如親魚產卵受傷後，可用紅黴素軟膏在其

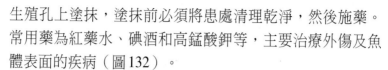

生殖孔上塗抹，塗抹前必須將患處清理乾淨，然後施藥。常用藥為紅藥水、碘酒和高錳酸鉀等，主要治療外傷及魚體表面的疾病（圖132）。

　　如魚病得較嚴重，常採取多種治療方法，如同時口服和藥浴或注射抗生素。

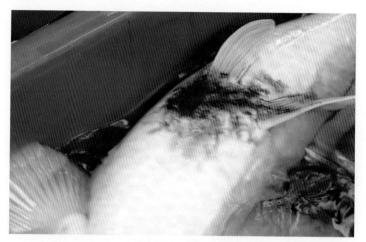

圖132　擦　藥

第六節　常見魚病的治療

一、鯉春病毒病

（1）症　狀

病魚身體發黑，腹部腫大、腹水，肛門紅腫，皮膚和鰓滲血，內臟器官出血明顯。

（2）預防措施

要為越冬錦鯉清除體表寄生蟲（主要是水蛭和鯴）；

藥浴預防：用含碘量100毫克／升的碘伏洗浴20分鐘；利用加熱棒加熱，保持水族箱內的水溫在20℃以上；對大型的錦鯉可採用腹腔注射疫苗的方法來預防。

（3）治療方法

注射鯉春病毒抗體，可防止錦鯉再次感染。

二、痘瘡病

（1）症　狀

發病初期，錦鯉體表或尾鰭上出現乳白色小斑點，覆蓋著一層很薄的白色黏液；隨著病情的發展，病灶部分的表皮增厚而形成大塊石蠟狀的「增生物」。病魚消瘦，游動遲緩，食欲較差，沉在水底，陸續死亡（圖133）。

圖133　患痘瘡病的紅鯉

（2）預防措施

經常投餵水蚤、水蚯蚓、搖蚊幼蟲等動物性鮮活餌料，加強營養，增強魚的抵抗力；用10×10^{-6}毫克／升的紅黴素浸洗魚體50～60分鐘。

（3）治療方法

用20×10^{-6}毫克／升的紅黴素浸洗魚體40分鐘；以

（0.4～1）×10^{-6}毫克／升的濃度遍灑紅黴素，10天後再施藥1次。

用10×10^{-6}毫克／升濃度的紅黴素浸洗魚體後，再在水中遍灑（0.5～1）×10^{-6}毫克／升濃度的呋喃西林，10天後再用同樣濃度的藥液潑灑。

三、出血病

（1）症　狀

病魚眼眶四周、鰓蓋、口腔和各鰭條的基部充血。

（2）防治方法

魚病流行季節用漂白粉1×10^{-6}毫克／升濃度遍灑，每15天進行一次預防，有一定作用。

（3）治療方法

用10×10^{-6}毫克／升的紅黴素浸洗魚體50～60分鐘，再用（0.5～1）×10^{-6}毫克／升濃度的呋喃西林全池遍灑，10天後再用同樣濃度的藥液全池潑灑。

四、皮膚發炎充血病

（1）症　狀

皮膚發炎充血，嚴重時鰭條破裂，腸道、腎臟、肝臟等內臟器官都有不同程度的炎症，病魚浮在水錶或沉在水底，遊動緩慢，反應遲鈍，重者死亡。

（2）預防措施

加強飼養管理。多投餵活水蚤、搖蚊幼蟲、水蚯蚓等動物性餌料，並加餵少量蕉萍，以增強抗病力；用濃度為20×10^{-6}毫克／升的呋喃西林或呋喃唑酮浸洗魚體，當水

溫在 20 ℃以下時浸洗 20～30 分鐘，21～32 ℃時浸洗 10～15 分鐘；延長水族箱的光照時間；水中溶氧量維持在 5 毫克／升左右。

（3）治療方法

用（0.2～0.3）× 10^{-6} 毫克／升濃度的呋喃西林或呋喃唑酮全池遍灑。如果病情嚴重，濃度可增加到（0.5～1.2）× 10^{-6} 毫克／升，療效更好。

用（2～2.5）× 10^{-6} 毫克／升濃度的紅黴素浸洗魚體 30～50 分鐘，每天 1 次，連續 3～5 天。

用鏈黴素或卡那黴素注射。每公斤錦鯉腹腔注射 12 萬～15 萬國際單位，第 5 天加注 1 次。

將呋喃西林粉 0.2 克加食鹽 250 克溶於 10 公斤水中，浸洗病魚 10～20 分鐘。

用 5% 的高錳酸鉀溶液浸洗病魚 10 小時。

五、黏細菌性爛鰓病

（1）症　狀

鰓絲呈粉紅或蒼白色，繼而組織破壞，黏液增多，帶有污泥，嚴重時鰓蓋骨的內表皮充血，中間部分的表皮亦腐蝕成一個略呈圓形的透明區，俗稱「開天窗」，軟骨外露（圖 134、圖 135）。

（2）防治辦法

用 2% 濃度食鹽水溶液浸洗，水溫在 32 ℃以下，浸洗 5～10 分鐘；用 20 × 10^{-6} 毫克／升濃度的呋喃西林或呋喃唑酮浸洗 10～20 分鐘；或用 2 × 10^{-6} 毫克／升濃度的呋喃西林溶液全池潑灑，浸洗數天，再更換新水。

圖134　黏細菌性爛鰓病1

圖135　黏細菌性爛鰓病2

六、腸炎病

（1）症　狀

　　病魚開始時出現呆浮，行動緩慢，離群，厭食甚至失去食欲，魚體發黑，腹部出現紅斑，肛門紅腫，初期排泄

白色線狀黏液或便秘。

（2）預防措施

用抗生素如土黴素 0.25 克，或四環素 0.25 克，或氟哌酸 0.1 克，藥量為 50 公斤水中放 2 粒，浸浴 2～3 天後換水。

（3）治療方法

在 5 公斤水中溶解呋喃西林或痢特靈 0.1～0.2 克，然後將病魚浸浴 20～30 分鐘，每日 1 次。用呋喃西林或痢特靈藥液全池潑灑，藥量按每 50 公斤水放 0.1 克計算。

按每 1 公斤體重的魚用 0.1 克痢特靈的量將藥拌在人工飼料中投餵病魚，每天 1 次，連餵 3～4 天。

七、赤皮病

（1）症 狀

病魚體表局部或大部充血發炎，鱗片脫落，特別是魚體兩側及腹部最明顯（圖 136）。

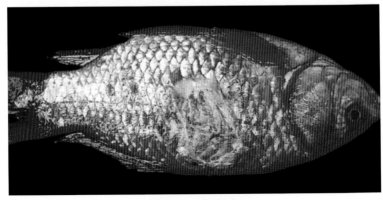

圖136　赤皮病

（2）預防措施

注意飼養管理，操作要小心，儘量避免魚體受傷；用 1×10^{-6} 毫克／升濃度漂白粉全池遍灑，此法適用於室外大養魚池。

（3）治療方法

用 20×10^{-6} 毫克／升呋喃西林或呋喃唑酮浸洗或用 $(0.2 \sim 0.3) \times 10^{-6}$ 毫克／升呋喃西林或呋喃唑酮全池潑灑。

用利凡諾 20×10^{-6} 毫克／升溶液浸洗魚體或 $(0.8 \sim 1.5) \times 10^{-6}$ 毫克／升溶液全池潑灑。

八、豎鱗病

（1）症　狀

病魚兩側鱗片向外奓開，主要是因為魚鱗下面的鱗囊中積存某種水溶液而致，重者死亡（圖137）。

圖137　錦鯉豎鱗病

（2）防治辦法

一旦發現，應給予早期治療。常用抗生素浸浴或刺破

水疱後塗抹抗生素和敵百蟲的混合液。

用2%食鹽和3%小蘇打混合液浸洗病魚10～15分鐘，然後放入含微量食鹽（1/10000～1/5000）的嫩綠水中靜養。

呋喃西林 20×10^{-6} 毫克／升濃度溶液浸洗病魚 20～30 分鐘；呋喃西林（1～2）$\times 10^{-6}$ 毫克／升濃度溶液全池潑灑，水溫20℃以上時用（1～1.5）$\times 10^{-6}$ 毫克／升濃度，20℃以下時用（1.5～2）$\times 10^{-6}$ 毫克／升濃度。

九、水黴病

（1）症 狀

病魚體表或鰭條上有灰白色如棉絮狀的菌絲。菌絲體著生處的組織壞死，傷口發炎，充血或潰爛（圖138～圖140）。

圖138　感染水霉菌的錦鯉卵子

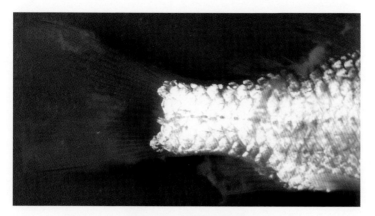

圖139　錦鯉水霉病

圖140　寄生水菌的錦鯉幼魚

（2）防治方法

　　避免魚體受傷，越冬前用藥物浸洗或全池潑灑殺滅寄生蟲。

　　用孔雀石綠5%～10%溶液塗抹傷口或孔雀石綠66×10^{-6}毫克／升溶液浸洗魚體3～5分鐘。

　　用4%～5%食鹽加4%～5%小蘇打混合溶液全池潑灑。

十、碘泡蟲病

（1）症　狀

病魚極度消瘦，體色暗淡喪失光澤，尾巴上翹，在水中狂遊亂竄、打圈子或鑽入水中復起跳（圖141、圖142）。

（2）預防方法

用125公斤／畝的生石灰徹底殺滅淤泥中的碘泡蟲孢

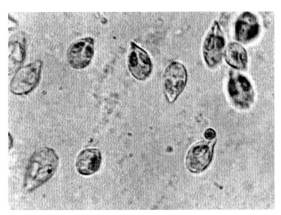

圖141　碘泡蟲

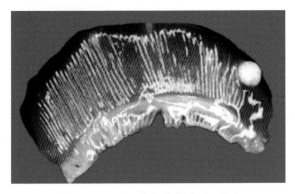

圖142　碘泡蟲寄生於鰓組織上

子，減少病原的流行；魚種放養前，用 500×10^{-6} 毫克／升高錳酸鉀溶液浸洗魚種 30 分鐘，能殺滅 60%～70% 的碘泡蟲孢子。

（3）治療方法

目前尚無有效的治療方法。

十一、小瓜蟲病

（1）症　狀

病魚體表、鰭條和鰓上有白點狀的囊泡，嚴重時全身皮膚和鰭條滿布白點和蓋著白色的黏液（圖143、圖144）。

圖143　小瓜蟲

圖144　患小瓜蟲病的錦鯉

（2）防治辦法

用濃度為 2×10^{-6} 毫克／升的硝酸亞汞溶液浸洗，水溫 15 ℃以下時，浸洗 2～2.5 小時；水溫 15 ℃以上時，浸洗 1.5～2 小時。浸洗後在清水中飼養 1～2 小時，使死掉的蟲體和黏液脫落。

用（0.1～0.2）× 10⁻⁶毫克／升硝酸亞汞全池潑灑。水溫 10 ℃以下時，用0.2 × 10⁻⁶毫克／升濃度；水溫在10～15 ℃時，用0.15 × 10⁻⁶毫克／升濃度；水溫在15 ℃以上時，用0.1 × 10⁻⁶毫克／升濃度。

用冰醋酸 167 × 10⁻⁶毫克／升濃度水溶液浸洗魚體。水溫在17～22 ℃時，浸洗 15 分鐘。隔 3 天再浸洗 1 次，浸洗 2～3 次為一療程。

十二、車輪蟲病

（1）症 狀

車輪蟲主要寄生於魚鰓、魚體表，也能寄生於魚鰭或者魚頭部（圖145、圖146）。

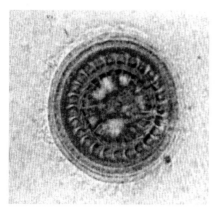

圖145　車輪蟲

圖146　車輪蟲寄生鰓上

（2）預防措施

用8 × 10⁻⁶毫克／升硫酸銅浸泡病魚30分鐘，浸泡時添加5 × 10⁻⁶毫克／升的氯黴素。

（3）治療方法

用 25×10^{-6} 毫克／升福爾馬林藥浴病魚 $15 \sim 20$ 分鐘或福爾馬林（$1.5 \sim 2$）$\times 10^{-6}$ 毫克／升全池潑灑。

8×10^{-6} 毫克／升硫酸銅浸洗病魚 $20 \sim 30$ 分鐘，或 $1\% \sim 2\%$ 食鹽水浸洗病魚 $2 \sim 10$ 分鐘。

0.5×10^{-6} 毫克／升硫酸銅、0.2×10^{-6} 毫克／升硫酸亞鐵合劑，全池潑灑。

十三、三代蟲病

（1）症　狀

病魚瘦弱，初期呈極度不安狀，時而狂游於水中，時而急劇側游，在水草叢中或缸邊撞擦，隨著病情加重，錦鯉會逐漸瘦弱，最後大量死亡。

（2）預防措施

用 0.05×10^{-6} 毫克／升的晶體敵百蟲溶液全池遍灑，12 小時後換水一次。

（3）治療辦法

用 20×10^{-6} 毫克／升濃度的高錳酸鉀水溶液浸洗病魚。

用（$0.2 \sim 0.4$）$\times 10^{-6}$ 毫克／升濃度的晶體敵百蟲溶液全池潑灑。

十四、指環蟲病

（1）症　狀

指環蟲寄生於魚鰓，使鰓蓋張開難以閉合，鰓絲灰暗或蒼白（圖147、圖148）。

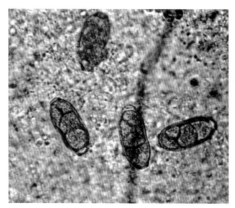

圖147　指環蟲

圖148　指環蟲寄生在鰓上

（2）預防措施

用加熱棒將水溫提升到25 ℃以上並保持恒溫。

（3）治療方法

晶體敵百蟲（0.5～1）× 10^{-6} 毫克／升溶液浸洗病魚，全池潑灑。

高錳酸鉀 20 × 10^{-6} 毫克／升溶液浸洗病魚，在水溫 10～20 ℃時浸洗 20～30 分鐘，20～25 ℃時浸洗 15 分鐘，25 ℃以上時浸洗 10～15 分鐘。

十五、錨頭魚蚤病

（1）症　狀

蟲體頭部鑽入錦鯉皮膚、肌肉、鰭或口腔處寄生。患部發炎紅腫，出現紅斑、壞死（圖149）。

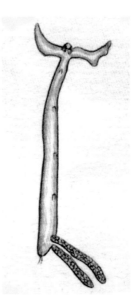

圖149　錨頭魚蚤

（2）**預防措施**

每畝魚池每公尺水深投餵酒糟125公斤，3～7天為一個預防週期。

（3）**防治辦法**

用鑷子拔去蟲體，並在傷口上塗紅汞水。

全池潑灑敵百蟲，藥水濃度為（0.5～0.7）×10^{-6}毫克／升。

用1%高錳酸鉀溶液塗抹傷口約30秒鐘，次日再塗抹1次。然後用呋喃西林全池遍灑，藥水濃度為（1～1.5）×10^{-6}毫克／升。

用0.5×10^{-6}毫克／升的敵百蟲溶液或特美靈可殺滅。但需連續用藥2～3次，每次間隔5～7天，方能徹底地殺滅幼蟲和蟲卵。

十六、鯴　病

（1）**症　狀**

蟲體寄生於魚鰭上。被寄生的魚在游泳時常以身體摩擦池底或聚在池中一角，常因體力衰弱產生併發症而死（圖150、圖151）。

（2）**預防措施**

每畝魚池每公尺水深投餵酒糟100公斤，連餵5天。

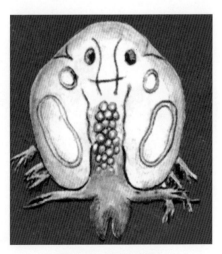

圖150　鯴的背面

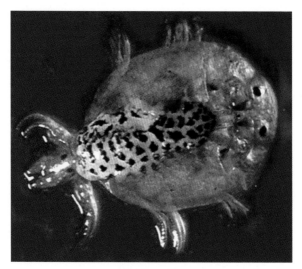

圖 151　鯴

（3）治療方法

以 0.5×10⁻⁶毫克／升的敵百蟲溶液驅除。

十七、機械損傷

指錦鯉受到擠壓、碰撞、摩擦或強烈的振動，而引起不適甚至受傷死亡的現象（圖 152、圖 153）。

（1）預防措施

改進漁具和容器，儘量減少捕撈和搬運，而且在捕撈和搬運時要小心謹慎，並選擇適當的時間；錦鯉室外越冬池的底質不宜過硬，在越冬前應加強育肥。

（2）治療方法

在人工繁殖過程中，對因注射或操作不慎而引起的損傷，應及時在傷處塗上孔雀石綠藥液，受傷較重的要注射鏈黴素。

圖152　機械損傷

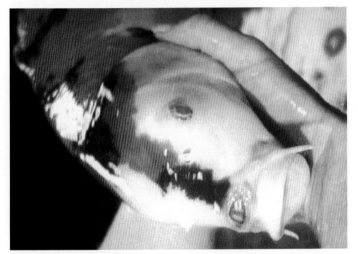

圖153　鼻部受機械損傷

十八、感　冒

（1）症　狀

錦鯉皮膚和鰭失去原有光澤，顏色暗淡，體表出現一層灰白色的翳狀物，鰭條間黏連，不能舒展。

（2）預防措施

換水時及冬季注意溫度的變化，防止溫差過大，可有

效預防此病。

（3）**治療方法**

對已得病的錦鯉，可將水池溫度調高幾攝氏度後讓其靜養。

保持水溫恒定，用1%的食鹽溶液浸泡病魚，增加光照，以促其恢復健康。

十九、傷食症

在白天水溫偏高時，錦鯉拼命搶食。而到了晚上，遇到氣溫突變或陣雨，水溫急劇下降，突然改變了錦鯉消化器官的正常運行速度，就出現了傷食（即消化不良症）。

（1）**症 狀**

錦鯉患了傷食症後，初期不易發現；中期即出現厭食、呆浮、便秘或大便不成形、細白黏便拖在肛門後等現象；後期則出現精神不振，懶於游動，腹鰭不張，背、尾鰭下垂，消瘦，腹部堅硬或過軟，腹壁充血，肛門微紅，壓之流出黃水等現象，不久就會死亡。

（2）**預防措施**

投餵時要注意「四定」和「四看」，氣溫突變時要少餵。

（3）**治療方法**

在初、中期，給病魚停食、曬太陽，適當提高水溫，以嫩綠水靜養，必要時水中可加入少量呋喃西林或痢特靈（均按50公斤水中投藥0.1～0.2克的量）。對尚能吃食的錦鯉，可投餵含有痢特靈或磺胺胍的人工飼料。

二十、潰瘍病

（1）症 狀

　　最初魚體的某個部位出現米粒大小的白點，然後擴大或患部周圍發紅，鱗片脫落，暴露肌肉而呈潰瘍狀，甚至露出骨骼。病魚表現為爛鰭、爛尾，這是由於水質污染而引起細菌大量繁殖並侵入魚體所致（圖154、圖155）。

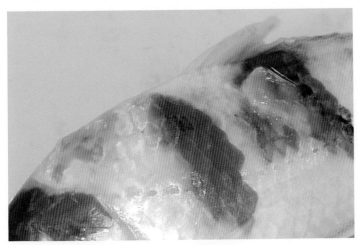

圖154　潰瘍初期

圖155　潰瘍導致爛鰭

（2）預防措施

在操作時要輕柔，減少魚體的損傷。

（3）治療方法

可用50毫克氯黴素兌1升水進行藥浴，連續1週，病魚即可痊癒。

用孔雀石綠或福爾馬林消毒魚體後，效果較好。

二十一、背脊瘦病

此病主要是因飼育不當引起的，如投餵過多的高脂肪餌料或變質餌料，使魚體吸收功能受阻。

（1）症 狀

魚體消瘦，沿著背鰭的背部肌肉瘦陷，魚兒食慾不振，抵抗力弱，易發生皮膚病。

（2）預防措施

治療困難，應在餌料中不定期地加入維生素E予以預防。

二十二、腰萎病

此病常為藥劑使用過量所致，也有因飼餵餌料過量或池水有電引起。

（1）症 狀

體形彎曲，游泳時呈扭擺姿態。

（2）防治方法

較難治癒。應改善水質環境，將病魚放入清潔的大水體中靜養。

附　　錄

一、錦鯉鑒賞心得

這些年養觀賞魚的人越來越多了，慕錦鯉之名前來參觀問詢者日漸增加。「為什麼這麼貴？」這是筆者在推薦高檔錦鯉時常被問到的一句話。確實，市場上充斥著三五毛錢的劣質鯉，或十元三尾，即便個頭大的也不過百十元。而同樣大小的錦鯉，有時卻要幾百上千元甚至上萬元一尾。對於毫無專業知識的初學者來說，這些魚看起來根本就是一樣的，而價格相差之大的確超出了他們的想像。

其實，就錦鯉鑒賞來說，學問極深，有些方面更是只可意會不可言傳，很難一下子就向每一位初學者講清楚。同樣是魚，其種系、血統、體形、質地、花紋、將來可培養性等，存在天淵之別。而一尾極品鯉，更是經過千挑萬選後大自然的傑作，可遇而不可求，絕非人力所能控制的流水線產品，價值自然不菲了。

當然，每個人的要求、目標、興趣、境界不同，更多的是受到環境、經濟條件的限制，專業知識的局限，大多數人只是好奇而已，只有少數人因為真的愛魚，才會不辭辛勞，沿著養鯉、品鯉之道深入探究下去。「什麼樣的錦

鯉才是有價值有將來性的錦鯉？」這是他們最想搞清楚的一個問題。

首先，鑑賞是有方法、有標準的，當然這種標準也是在不斷發展變化的。如早期的評審是採用減分方式，後來慢慢演變成了專找錦鯉缺點的行為。品鯉如觀人，哪條魚百分之百沒有缺點呢？如今對錦鯉的評估則是採用加分方式，找出其優點，傾向於重視觀賞重點，忽視無傷大雅的小缺點。

其次，掌握鑑賞標準，練就一雙慧眼，絕非朝夕之功，要經過長期養鯉、品鯉的磨練。在日本，有資格成為評審員的多是有幾十年經驗的德高望重者，因為評審標準帶有一定的主觀性，除了自身的悟性外，只有經過長時間養鯉並加以深入研究的人才能悟得其中奧秘，從而達成一致標準。

具體來說，初學者看魚往往以花紋為先，色彩次之，體形、質地再次之；而業者則正好相反，以體形為第一，質地次之，花紋等再次之。一般愛好者如能超越花紋而追求魚的質地、體形，就已經具備相當的功力了。日本鯉界前輩黑木健夫在其著作《最新錦鯉入門》中，認為對錦鯉的鑑賞「以100分為滿分，其中姿態30分、色彩20分、花紋20分、素質10分、品味10分、風格10分」。下面筆者不揣淺陋，予一一解析。一家之言，請高手指正。

1. 姿態

錦鯉評審中最重要的是包括泳姿在內的姿態。即便色彩豔麗、花紋奪目，但如果體形有問題也毫無價值。體形

要求左右均勻，脊柱筆直，背部形成優美的曲線，頭形美麗，各鰭條比例正常且形狀優美，體高、體長和體幅要調和，肌肉豐滿而不過分肥胖，尾胴粗壯等。

如魚體有各種缺損和缺點，如頭部變形、下陷，眼睛、嘴吻、鰓蓋、鰭條變形或缺損，腹部異常隆起，游泳時扭擺腰部，均應淘汰。

2. 色 彩

色彩以鮮明濃厚者為佳，不管任何品種，要求白地務必雪白純正。紅斑要均勻濃厚，邊際鮮明，即通常所說的「切邊」好。以橙紅色為基調的格調明朗的紅色較以紫色為基調的紅色品味高。黑斑要求漆黑，不能分散。全身光澤良好的為上品。

3. 斑 紋

一般要求左右斑紋平衡，嘴吻和尾基部分留白。花紋的觀賞重點在頭部與背部之間，紅白錦鯉要求此處斑紋有曲線變化，三色類錦鯉最好此處的斑紋與堅實和稍大塊的黑斑相呼應。模樣俏麗的小花紋在幼魚階段比較受歡迎，但對於大型鯉來說，以簡單而具魄力的大塊花紋為美，花紋已不再是欣賞的主要內容，最主要是欣賞其體形、質地、風格。

4. 資 質

指紅質、白質、墨質及體形是否優良，在保持色澤、質地情況下短期內長成巨鯉的素質。這就需要用專業眼光

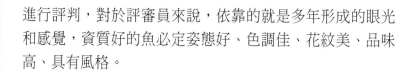

進行評判，對於評審員來說，依靠的就是多年形成的眼光和感覺，資質好的魚必定姿態好、色調佳、花紋美、品味高、具有風格。

5. 品 位

高雅的錦鯉，必須資質良好，體形端正，花紋美麗、位置好、形狀優雅，嘴吻及尾部留有白色，胸鰭較大而圓。

6. 風 格

良好的風格是指外形雅觀而具穩重感（主要指大型鯉）。要求體格粗壯，肌肉豐滿結實，泳姿沉穩，給人力量感。相同情況下，體格巨大、身軀豐滿的巨型錦鯉會更受歡迎而獲得優待。

以上鑒賞標準中，資質、品味、風格均是比較主觀的項目，它們之間有千絲萬縷的聯繫，很難割裂開來而獨立地去理解。筆者試著將它們簡化成我們最常說的體形、質地、花紋，看看各項究竟應占多大比例。

毫無疑問，姿態30分、風格10分兩項應歸入體形項；色彩20分歸入花紋項；資質10分中的5分歸入體形、5分納入質地；而品味10分與三項關係都較重要，視重要程度，大致分為：3分納入體形，3分歸入質地，4分歸入花紋（錦鯉自身固有的斑紋應是判斷質地是否優良的根據之一，應歸入質地一項）。由此歸納總結，大致為：體形占48分，質地28分，花紋24分。

需要說明的是，具體品評中絕非這麼簡單明瞭，將各

項目細化是為了強調錦鯉潛在的非凡的其他素質，不讓表面的花紋蒙蔽我們的雙眼。而筆者將上述六個項目歸納為三大項是為了方便初學者理解，瞭解它們的重要程度，根據結果可見體形是何等重要了。

當我們初學養錦鯉時，只會看它們表面的花紋，對花紋過分追求，甚至到了吹毛求疵的地步，對質地、姿態等卻一無所知；而經歷過一段養鯉歷程後，看到自己最心儀的錦鯉，卻不是花紋華麗者，而是質地高、光澤好、有品位的錦鯉，但不知其骨架、資質如何，是否能養成大型鯉。只有真正超越花紋、質地，對錦鯉的體形、資質有鑑別能力，對它的將來性、成長性有一定要求與期待，才能算相當有眼力的高手。

這有賴於諸位愛好者在探索的道路上繼續努力。

二、錦鯉魚病防治體會

可以說，飼養錦鯉的過程，就是與魚病作對抗的過程。愛好者如此，業者更是如此。

許多初學者往往因為缺乏相關的專業知識，從而導致魚病滋生，甚至「全軍覆沒」。

1. 錦鯉自身防禦器官

錦鯉身體上的一些重要器官與魚病的產生息息相關。

（1）鱗 片

除頭部和各鰭條之外，魚的身體各部都有，是保護魚體的重要器官，是防禦損傷及病原體（寄生蟲、細菌等）侵襲的重要屏障。因此，拉網、挑選、運輸等過程中應注

意操作仔細，避免損傷鱗片而導致病原體入侵。

（2）腸

魚的消化器官。魚沒有胃，消化吸收都靠腸道。如投餵不予以節制，魚會不停地吃食而造成消化不良，影響內臟機能。為了使錦鯉健康成長，對食物品質、數量及投餵次數、時間等均要充分考慮，必要時要停食。

（3）鰓

魚的呼吸器官，是最應該留意的重要部位。大部分的魚死亡都是因鰓功能被破壞，導致呼吸衰竭而引起的。鰓相當於人的肺，具血液循環與供氧功能。

鰓與池水直接接觸，水質的優良與否直接影響鰓的正常機能，如低溶氧、污濁、雜菌叢生的水體將會直接降低魚體抵抗力，寄生蟲和病菌就會乘虛而入。

（4）腹 部

魚的腹部肌肉沒有身體兩側及背部肌肉強健，外部刺激很容易對其造成傷害，並且不容易被發現。所以，良好而穩定的水質，池底、池壁繁茂的青苔，對保護魚腹都是至關重要的。

2. 魚體、環境與病原體

魚體發病都離不開這三個因素：贏弱的魚體、惡劣的飼養條件、無處不在的病原體。其中缺乏足夠抵抗力的魚體是引發魚病的內因，而惡劣的水質、餌料、環境條件會導致魚體抵抗力低下，病原體如寄生蟲、細菌、病毒、真菌等很多都是「條件性病原體」，在水體中視水質潔淨程度或多或少存在，當魚體抵抗力弱時就會乘機侵入。

所以，防治魚病首先要保證魚體有足夠抵抗力，包括投餵優質和適合魚體需要的餌料，採取正確的飼養方法，確定合理的放養密度。只有改善水質，改善飼育條件，保證魚體肝臟、鰓、腸道等機能正常，才是治本之道。而消毒、殺蟲、殺菌等工作只是「治標」的方法，平時使用以預防為主，或魚染病後再用，切忌平日裏沒事時亂用藥。

不管是業者還是愛好者，都應注意以下情形，並經常對應檢查：因餌料造成慢性營養障礙；環境惡化，魚體抵抗力低下；不適當給餌；長距離運輸、疲勞產生應激反應；病原菌濃度大；寄生蟲大量寄生；水體水質、水溫劇烈變化；等等。所有這些都會引起魚病，並常常是多種病原體合併感染。如因指環蟲、中華鰠寄生，引起鰓組織損壞，這時水體中產氣單胞菌就會大量滋生，導致魚鰓急劇腐爛，魚因呼吸衰竭而死。這時就要分析哪一種病原體危害更大，從而決定採取相應對策。

3. 錦鯉健康對策

水體環境的改良、適當給餌、優良的飼育方式是對魚病最好的預防方法。若想養好錦鯉，確保魚病少發生或不發生，必須做到以下幾點：

（1）飼養少數良質錦鯉，保持水中溶解的氧氣充足。

（2）以生化過濾循環改善水質，實現底部排水、換水立體化。

（3）營造青苔繁茂的水池，保持水質「活、淨、嫩、爽」。

（4）儘早驅除寄生蟲，因為它會引起更嚴重的疾病。

另外，在品評會前後及長時間運輸、魚體表受傷、購入新鯉、拉網操作後和魚體疲勞時均應十分注意，除了適當停止餵食外，預防病原體感染也是必不可少的。常用方法是用5%的食鹽水至少藥浴1星期，可加少量抗生素預防細菌滋生。而從土池拉上來的錦鯉，除了鹽浴外，一定要殺蟲，主要是殺指環蟲、車輪蟲等。殺菌殺蟲和讓魚適應新的水質，開始正常攝食後，才能分級、銷售，否則極易發生魚病，造成慘重損失。愛好者購魚時，必須找專業的錦鯉養殖場，確認錦鯉殺菌殺蟲並適應水池水質後才能購買，如還不放心可購入後單獨飼養1個月左右，沒問題後再混入其他錦鯉，確保萬無一失。

魚病診斷也是件難事。最好取病灶樣本置於顯微鏡下觀察有無寄生蟲。確定病原體後再對症下藥。下藥前請三思，最好先做試驗。很多魚藥包裝上面寫的是「包治百病」，其實是百無一用，相反對魚體和水質副作用很大，這樣的藥不如不用。

如不能確定是何種寄生蟲、細菌感染，鹽浴是一種好的選擇，它對一般的蟲、菌都有一定的殺滅作用。如採用藥浴，則時間要靈活掌握。使用抗生素對細菌性魚病很有效，也沒有殺蟲劑那麼危險，但切忌幾種不同抗生素混用。藥效過後應換水。

總之，判斷魚病要分清主次，治療時要有針對性。只有平時採取正確的飼育方式，保持良好的水質，增強魚體抵抗力，防患於未然，才能養出美麗、健壯的錦鯉，充分體驗養魚的樂趣。

大展好書　好書大展
品嘗好書　冠群可期

大展好書　好書大展
品嘗好書　冠群可期